宇宙岩石入門

起源・観測・サンプルリターン

牧嶋昭夫［著］

朝倉書店

は じ め に

今日は，宇宙探査時代といえましょう．隕石のもととなる小惑星は，ひと昔前までは観察もおぼつかなかったのに，探査衛星により写真が撮られるようになりました．さらには，狙った小惑星に着陸して，試料を入手するところまで来ています．そのおかげで，太陽系創造の神秘が解き明かされると同時に，新たな謎がまた生まれたりしています．

日本の宇宙探査の技術も，回数を重ねることで安定したものとなり，アメリカとロシアが独占していた技術レベルに日本も追いつき，分野によっては追い越すようになりました．進歩は日本にとどまらず，中国は有人ロケットを発射し，無人探査機を月に着陸させるようになりました．さらには，日本のサンプルリターン探査機はやぶさ2が2020年12月には地球に戻ってきます．また，アメリカのサンプルリターン探査機オシリス・レックスも2023年に地球に帰ってきます．

本書は，このような宇宙探査時代に合わせて，宇宙からの石（隕石），そして，隕石を人為的に入手するサンプルリターン計画について，宇宙物質科学の観点から，より深く学んでみたい人のための本ということで企画されました．

本書でいう「宇宙岩石」とは，地球以外に存在する，もしくは存在していた岩石のことを指します．大きいものは火星や水星といった岩石惑星，小さいものは小惑星や，それを起源とする隕石，さらにはもっと小さいケイ酸塩からなる宇宙塵のことを指します．本来岩石ではありませんが，ニッケル鉄からなる隕鉄や宇宙塵のことも含めることにします．

太陽系を理解するには，宇宙の歴史，元素の起源，そして太陽系の歴史について知る必要があります．そこで，本書では第1部で，まずこれらについて簡単に説明します．また，太陽系の質量の大部分を占める太陽，そして，岩石惑星（水星・金星・火星）と月の最新の知識にも触れたいと思います．

　次の第2部では，岩石の基礎知識として，鉱物学の基礎と地球化学の基礎を学びます．本書の特徴は，この「鉱物学の基礎」と「地球化学の基礎」です．特に前者の基礎知識を知らないと，岩石については全く理解できません．「鉱物学」・「隕石学」・「天文学」は，古くは「博物学」の一部であり，名前づけ・分類が学問の基礎をなしました．分類というのは退屈なものに感じられるかもしれません．読むか，読み飛ばすかは，読者の自由なのでどちらでも一向に構いませんが，目を通すことをお勧めします．

　続く第3部では，隕石の種類・分類などの知識，また隕石にまつわる雑学を学びます．さらには，隕石のもととなる小惑星の種類や分類方法，さらには小惑星の写真や宇宙望遠鏡についても紹介します．

　第4部では，宇宙の岩石（隕石）を積極的に取りに行く，サンプルリターン計画について，その目的や成果を述べたいと思います．まずはビッグプロジェクトであった旧ソ連とアメリカの月探査競争を振り返ります．次に，アメリカのスターダスト計画やジェネシス計画，さらに，日本が初めて成功した小惑星サンプルリターンであるはやぶさについて復習します．そして最後に，現在進行中である，日本のはやぶさ2と，アメリカのオシリス・レックスについて，それらの目的と，現在までに得られた成果についても学びます．これら二つのサンプルリターン計画は，生命の起源を探るという共通の目的を持っています．

　本書最後の終章では，太陽系内の天体のうち，生命の可能性を持つといわれている天体について紹介します．火星，木星の衛星エウロパとガニメデ，そして，土星の衛星エンケラドゥスです．今後，これらの天体についても探査機による調査が行われるかもしれません．

　本書では，専門用語についてはなるべく「…」といったようにカギかっこをつけて，目立つようにしました．カギかっこだらけにならないように，つけたり，つけなかったりしていますがお許しを．できる限り説明をこまめにつけるようにしています．（x.x節参照）という表現が多くなっていますが，その場でできるだけ参照していただけると理解が深まると思います．もちろん，そのまま飛ばしても，飛ばして後で読んでも構いません．

　（地球の）月と，火星の月などとの曖昧さを回避するために，「月」といった

場合は「地球の月」を意味し，火星や木星の「月」は火星や木星の「衛星」と表現することにしました．もちろん，小惑星の「月」も衛星です．

「AU（Astronomical Unit）」は，某携帯電話会社のことではなく，Astronomical Unit すなわち「天文単位」という単位で，「1 天文単位」は「現在の太陽−地球間距離」のことです．頻出しますので，覚えておいてください．

「NASA」，「JAXA」，「ISAS」，「ESA」，はそれぞれ「アメリカ航空宇宙局」，「国立研究開発法人宇宙航空研究開発機構」，「宇宙科学研究所」，「欧州宇宙機関」の略称です．本文では説明なしにそのまま使います．

「石」は専門的にいうと「岩石」といいます．専門の本なので，本文中「石」という表現は使いません．

また，本書では，なるべく金属のニッケルと鉄の合金は「ニッケル鉄」と書くことにしました．ニッケル・鉄と書くと両者が別物のように感じるためです．

本書の中の写真の多くは，もともとは綺麗なカラー写真です．本の価格との関係で残念ながら白黒になってしまい，大幅に画質が落ちてしまったのが非常に残念です．ネットから入手した写真には，ネット上のアドレスが付記してあります．時間のある方はお手数ですが，ぜひともオリジナルの写真を見ていただきたいと思います．

本書を書くにあたり，朝倉書店編集部には大変お世話になりました．

最後になりましたが，著者を地球化学の世界へと導いてくださった，故増田彰正教授に感謝したいと思います．先生の導きがなかったら著者は学問の道へと進むことはなかったでしょう．

2020 年 6 月

三朝にて　　牧 嶋 昭 夫

目　　次

Part 1　宇宙の岩石の起源——太陽系創造と岩石型惑星

宇宙の岩石の起源

太陽系創造と岩石型惑星

Part **1**

▶〔**写真**〕アポロ8号が撮影した月のゴクレニウスクレーター（手前，直径73 km）の写真です．月の起源はいまだに決定されてはいませんが，太陽系形成後，原始地球に火星大の原始惑星が衝突してできたという，ジャイアント・インパクト説が有力です．月形成直後から今に至るまで隕石が月に衝突してクレーターを作っています．特に，38億〜35億年前のクレーターが多く，この時代を後期重爆撃期と呼び，地球の進化（水の起源），生命の起源・進化に重要な役割を果たしたと考えられています．[NASA. https://images-assets.nasa.gov/image/as08-13-2225/as08-13-2225~orig.jpg]

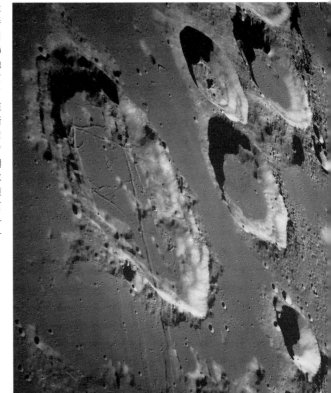

1

宇宙の歴史
―ビッグバンから太陽系創造まで―

宇宙岩石とは，岩石型惑星・小惑星・隕石などを指します．これらを語るうえでは，太陽系の歴史を知らなくてはなりません．さらに太陽系の歴史を知るうえでは，宇宙の歴史を知らなくてはなりません．また，水素とヘリウムだけだった世界から，どのように多様な元素が生まれたのか，そして，その後，どのように我々の太陽系に至ったのかを知る必要があります．これらには，恒星の生と死が深く関与しています．そこで，1章では，宇宙の歴史と元素の起源を学ぶことにしましょう．

1.1 　まずは宇宙を創る――インフレーション理論

　まずは，自分が神様になって，太陽系を創ると仮定しましょう．そのためにはいろいろな準備が必要となります．その中で最も重要なのは，太陽系を置く場所，すなわち宇宙が必要です．さらに，太陽系の材料，すなわち元素も必要です．この中には太陽のもととなる水素とヘリウム，地球や火星のような岩石惑星のもととなるケイ素・ナトリウム・マグネシウム・アルミニウムなど，それに，木星や土星のようなガス惑星を作るための炭素・窒素・酸素などが含まれます．（神様も大変ですね.）

　では，まずは宇宙を創りましょう．1964 年に，「宇宙マイクロ波背景放射」が発見され，宇宙は超高温・超高密度のエネルギーの塊から進化したと考えられるようになりました．また，宇宙では，遠方の銀河がどんどん遠ざかっていることがわかっています（これを「膨張する宇宙」と呼びます）．逆に時間を巻き戻すと，宇宙はどんどんと小さく，熱くなります．そして，138 億年前に

は超高温・超高密度のエネルギーの塊から爆発するかのように膨張（ビッグバン）したことになります.

　初期宇宙の爆発的な急膨張（インフレーション）を扱った理論を,「インフレーション理論」と呼びます. この理論は, 1981 年に日本人の佐藤勝彦氏が提唱しました. 日本人による, 天文・物理学上の素晴らしい成果です. すなわち, 宇宙は誕生から $10^{-36} \sim 10^{-34}$ 秒の間に時空が爆発的に膨張（インフレーション）したのち相転移し, 生じた超高温・超高密度のエネルギーの塊が爆発的に膨張（ビッグバン）したとする理論です（図 1.1 参照）.

　では, 宇宙は何から誕生したのでしょうか？ これについて理論は, 微小な領域の「量子揺らぎ」から誕生したとしか答えることができません. そして, ビッグバンによって膨張するにつれ, 宇宙の温度は下がっていき, 陽子や中性子といった重粒子が作られるようになりました. 原子は, 陽子や中性子といった, 重粒子と電子からなりますが, お互いまだバラバラのプラズマ状態にありました. さらに温度が下がると（約 30 万年後）, 電子と重粒子が結合して大半は水素原子になり, 電磁波は電子に妨げられずに宇宙空間を進めるようになりました（宇宙の晴れ上がり）. この時期の放射の名残が, 先ほどの宇宙マイクロ波背景放射です. 図 1.1 中の「光の残映模様」というものは, それを地球から全

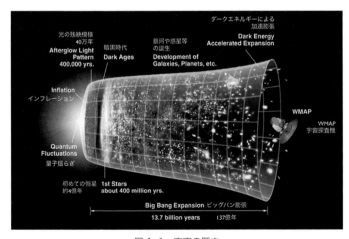

図 1.1　宇宙の歴史
横軸は時間スケール, 縦軸は宇宙のサイズを示します. [NASA. http://map.gsfc.nasa.gov/media/060915/index.html]

天に投影したように見たものです.

　さらに時間が経つにつれて, 一様に分布していた物質のわずかに密度の高い部分がガス雲, 恒星, 銀河などを形づくるようになりました. 現在の宇宙空間は,「冷たいダークマター」,「熱いダークマター」,「重粒子」の3種類からなると考えられています. 宇宙の質量の大部分を占めるのは冷たいダークマターで, 残りの二つは20%以下といわれています. ダークマターというのは, 検出はできないけれども宇宙に存在していなくては困るという, 謎の物質です. $E = mc^2$ (エネルギー＝質量×光速の2乗) というアインシュタインの有名な式があります. この式を当てはめれば, 物質はエネルギーに, ダークマターは「ダークエネルギー」になります. ダークマターまたはダークエネルギーが何なのか, 理論家と観測家は必死に解答を探して研究をしています.

　こうして, ビッグバンを経て, 宇宙と, 大量の水素原子 (^{1}H, 左上の数字は質量数を表します. 質量数＝陽子数＋中性子数ですね.) と中性子 (^{1}n) が作られました. さらに宇宙が冷えてくると ^{1}H と ^{1}n から ^{2}H (重水素), ^{2}H と ^{1}n から ^{3}H (三重水素), ^{3}H から ^{3}He (ヘリウム3), ^{3}He と ^{1}n から ^{4}He (ヘリウム4) といった「原子核合成」が起きました.

　さて,「Ia型超新星」の精密観測により, 宇宙の加速膨張が精密測定され, 宇宙の質量のうち, 68.3%はダークエネルギーであると計算されました. この発見の功績で2011年のノーベル物理学賞はパールムッター (S. Perlmutter), シュミット (B. Schmidt), リース (A. Riess) の3名に与えられました. Ia型超新星とは, 白色矮星を含む連星のうち, 白色矮星がチャンドラセカール限界を超えるために起きる, 超新星爆発をいいます (1.4節で詳しく説明します). この質量は宇宙のどこでも一定で, そのために光度も一定となり,「標準光源」として距離を測定できます.

　このように, 天文学での観測が, 理論の問題と思われていたダークエネルギーの精密決定につながったことは, まさに観測と理論が天文学 (そして物理学も) の両輪であることを示した恰好の例です.

1.2 星・銀河の速度の推定方法——ドップラー効果と赤方偏移

　ここで簡単に，どうやって星または銀河の速度を推定するかについて述べておきたいと思います．これを理解しておくと今後の人生できっと役に立ちます．

　最初に「ドップラー効果」という物理現象を説明しましょう．よくいうのは救急車のサイレンです．（ローカルな話題で恐縮ですが，著者の高校は神奈川の小田急線沿線だったので，ロマンスカーの音のたとえで習いました．特急ロマンスカーはロマンス〜♪ロマンス〜♪とメロディーを奏でながら走っていました．）救急車（ロマンスカー）が近づくとサイレンは高く聞こえ，遠ざかると低く聞こえます．これが音の波のドップラー効果です．観測者と音源が同一直線上を移動する場合，ドップラー効果は以下の式で表されます．

$$\lambda' = \lambda_0 \times \frac{V - V_s}{V - V_r} \tag{1.1}$$

ここで λ' は観測者に聞こえる音の波長，λ_0 は音源の波長，V は音速，V_s は音源の動く速度（観測者に向かう方向を正とします），V_r は観測者の動く速度です．先ほどの救急車のサイレンでのたとえでは，初めは $V_s > 0$，$V_r = 0$，$V > V_s$，$\lambda' = \lambda_0 \times (1 - |V_s|/V)$ となり，もとのサイレンの音より波長が短く，高音に聞こえます（図1.2a）．救急車が去ると，$V_s < 0$，$V > |V_s|$，$\lambda' = \lambda_0 \times (1 + |V_s|/V)$ となって波長が長くなり，低音に聞こえます（図1.2b）．

　光も波なのでドップラー効果があります．しかしながら，光は「特殊相対性理論」に従って伝わるため，以下のような式となります．ここでは，観測者と光源を結んだ直線に対して角度 θ の方向に光源が速度 V で運動していくとします（図1.3 参照）．

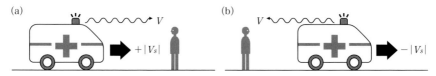

図1.2　音のドップラー効果

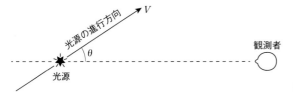

図 1.3　光のドップラー効果

$$\lambda' = \lambda_0 \times \frac{1 - V\cos\theta/c}{\sqrt{1 - (V/c)^2}} \qquad (1.2)$$

c は光速です．光が観測者に向かってくる場合は $\theta = 0°$ で，$\cos\theta = 1$，直線的に離れていく場合は $\cos\theta = -1$ となります．光源をその進行方向の真横から見た場合（$\theta = 90°$）でもドップラー効果が起こるのが，普通の波とは異なるところです．

　光源が近づいてくる場合には $\lambda' < \lambda_0$ となって光の波長が短く（青っぽく）なります．一方，光源が離れていく場合には波長が長く（赤っぽく）なります．基本的に星は宇宙の膨張とともに遠い星ほど離れていく速度が大きくなるので，離れていく速度が速いほど，波長が長く，赤っぽくなっていきます．これが「赤方偏移」と呼ばれる現象です．

　赤方偏移 z は次の式で定義されます．

$$z = \frac{\lambda'}{\lambda_0} - 1 \qquad (1.3)$$

宇宙が膨張している場合，z は必ず 0 以上となり，遠い星ほど離れていく速度が増えるために，赤方偏移 z は増えていきます．また，赤方偏移は波長に依存することはありません．たとえば，ビッグバン直後の急激な宇宙の膨張によって波長が引き延ばされた，「宇宙マイクロ波背景放射」は，最大の赤方偏移であり，$z = 1089$（距離にして 138.12 億光年）という値を持ちます．普通，赤方偏移は，水素原子の輝線波長（原子発光のスペクトル線で非常に明るい線を「輝線」といいます）を測定して定義します．これはすべての星は水素を含むために，その光のスペクトルは，水素原子の輝線を含むからです．

　さて，大内正己氏（現東京大学）率いる日・米・英のグループは，ハワイのすばる望遠鏡を用いて 2009 年に巨大天体ヒミコを発見しました．これは，赤方偏移 $z = 6.595$ を持ち，130 億年前に誕生した天体であり，我々の銀河系の

半分くらいの直径を持っていました．ヒミコの発見により，宇宙の初期にはすでに，現代の銀河と同じ程度の大きさの天体が存在したことになりました．

また，2015年，ミハウォフスキ（M. Michałowski）は，赤方偏移 $z = 7.5$ の，130 ～ 131 億年前の銀河 Abell-zD1 を発見し，ワトソン（D. Watson）らは，この，当時最古の銀河がすでに今日の銀河系のように宇宙塵を持っていることを見出しました．

2016年にエッシュ（P. Oesch）らは，「ハッブル宇宙望遠鏡」（11章参照）と，「スピッツァ宇宙望遠鏡」（11章参照）を用いてさらに古い134億年前の銀河系，GN-z11 を発見しました．つまり，ビッグバンより約4億年後には，すでに銀河系をなすような大量の恒星が次々に作られていたわけです．

 1.3　恒星の進化と元素合成——B^{2}FH 理論（その1）

この1.3節では，水素・ヘリウムよりも重い元素の合成を学びます．恒星の内部では，最大 ^{56}Fe（鉄）までが作られます．この節は核反応が続くので，わかりにくいかもしれません．興味のない人も頑張ってついてきてください（と言いたいところですが，ついていけなくなったら飛ばして，暇なときに再挑戦して下さい）．

さて，ビッグバンから約4億年経つと，「初代の恒星」が現れ，重元素（鉄まで）が合成されるようになりました．（逆にいうと，それまでは恒星がないわけです．それが図1.1の「暗黒時代」の意味です．）水素やヘリウムからなる星間ガスに，何らかの要因で密度の高い部分ができて，重力が周囲のガスをさらに集めていきました．そして，加速度的に物質が集積して恒星が生まれました．恒星内部では水素原子の「核融合」が始まって，星はそのエネルギーで輝きだしました．やがて恒星は死を迎え，巨大な恒星は超新星爆発を起こし，鉄よりも重い元素を合成しました．宇宙はこのような元素合成を繰り返して，重い元素を作りながら進化してきました．

逆にいうならば，若い世代の恒星ほど重元素が含まれていません．そして，恒星が代を重ねるごとに「重元素」（天文学では水素・ヘリウム以外の元素はすべて重元素です）が増えていきました．天文学では，水素に対する鉄の量の

割合を「メタリシティ」（metallicity；金属量）として定義します．メタリシティの低い恒星は，世代が若い恒星であることを意味します．

たとえば，2014年，ケラー（S. Keller）らは，極めて鉄の少ない超新星（SMSS J031300.36-670839.3）を発見しました．超新星のもととなった恒星は，太陽質量の60倍もあったと考えられます．もとの恒星は約134億年前の，第1世代の恒星であると考えられました．

さて，話を戻しますと，恒星の内部ではまず「ppチェイン」という反応が起きます．水素原子（^{1}H，または陽子 p）が核融合を起こして重水素（^{2}H），陽電子（e^+）とニュートリノ（ν；最大 0.42 MeV[*1]のエネルギーを持ち去ります）になります．陽電子（e^+）はすぐに電子（e^-）と反応して消滅し，0.51 MeV の二つの光子になります．さらに^{2}Hとpが反応して^{3}Heとエネルギー5.49 MeV になります．

この後さらに，温度1000〜1400万Kでは，「pp1分枝」という反応が起きます．pp1分枝では，^{3}He は別の^{3}He と反応して，^{4}He と二つの p とエネルギー 12.9 MeV になります．こうして，四つの p は一つの^{4}He とエネルギー（26.7 MeV）になります．これは，1モルの水素原子から，1.8×10^5 kWh のエネルギーが出る計算です．1gの水素で，1700万台のiPhoneX（2716 mAh，3.82 V のバッテリー）がフル充電できる計算です．核融合，恐るべし！

1400〜2300万Kでは「pp2分枝」という反応，2300万K以上の高温では，「pp3分枝」という反応が起きますが，どちらにしても最後には^{4}He とエネルギーができます．

太陽より約3倍以下の質量の恒星は水素をヘリウムに変換した時点で燃料切れとなり，これ以上反応は進みません．そして，ヘリウムを核とした白色矮星となります．

太陽より3〜8倍の質量の恒星は次に述べる，ヘリウムを炭素に変換した時点で燃料切れです．そして，中央に炭素の核を残した白色矮星になります．どちらの白色矮星も温度が下がるにつれて褐色矮星，黒色矮星となって，恒星の

[*1]　1 MeV は1メガエレクトロンボルト，または，百万電子ボルトと読み，1.6×10^{-13} J（ジュール）に換算されます．1 MeV の粒子を1 mol 集めると，26700 kWh となります．

死を迎えます.

さて, ^{8}Be は不安定で, 2.6×10^{-16} 秒で二つの ^{4}He に分解します. 星の中央部で ^{4}He が濃縮し, さらに温度が1億 K を超えると, ^{8}Be と ^{4}He が反応して, ^{12}C (炭素12) ができるようになります. あたかも三つの ^{4}He が反応しているように見えるので,「トリプルアルファ反応」とも呼ばれます.

太陽の8倍以上の恒星では ^{12}C ができると,「CNO サイクル」と呼ばれる, 窒素, 酸素を合成しながらエネルギーを生み出す一連の核反応が起こります. 詳しくは省略しますが, CNO サイクルを一つの化学反応式にまとめると, 以下の式となります.

$$4\,^1\mathrm{H} \quad \rightarrow \quad ^4\mathrm{He} + 2\mathrm{e}^+ + 2\nu + 25.10\,\mathrm{MeV} \tag{1.4}$$

これら一連の反応は, 1957年, 100ページを超す大論文として, バービッジ (E. Burbidge), バービッジ (G. Burbidge), ファウラー (W. Fowler), ホイル (F. Hoyle) の4名によって発表されたため, B^2FH 理論と呼ばれています. この論文のなかでは, 星の中で, 水素原子から, ウラン原子まで, 次々と重い原子の合成がされていきます. 論文の前半は, ^{56}Fe (鉄原子) までで, 恒星の進化過程での元素合成です. 今はこれについて述べています. 論文の後半は, 鉄原子より重い元素の合成で,「AGB 星」(asymptotic giant branch star, 漸近巨星分枝星) 中での「s 過程」(s は slow [遅い] に由来します) と, 恒星が死ぬ際の超新星爆発によって元素が次々と合成されていく「r 過程」(r は rapid [速い] に由来します) を扱っています. これらについては1.4節で述べることにします.

さて, ^{12}C (炭素原子) ができると, CNO サイクルと同時に, ^{12}C と ^{4}He が反応して, ^{16}O (酸素16) も合成されます. また, 二つの ^{12}C から ^{20}Ne (ネオン20), ^{23}Na (ナトリウム23), ^{24}Mg (マグネシウム24) が合成されます. これらは「炭素燃焼過程」と呼ばれています.

炭素が燃え尽きると, ^{20}Ne が光分解 (強烈な光で原子核が分解される) して ^{16}O に, また, ^{20}Ne と ^{4}He が反応して ^{24}Mg になるという,「ネオン燃焼過程」が始まります. ネオンの燃焼には12億 K, 4万気圧必要です. この反応は, 太陽の8〜11倍以上の質量を持つ超巨星でしか起きません. 数年でネオンは燃え尽き, 酸素とマグネシウムからなる核が残ります.

　次の「酸素燃焼過程」はより高い圧力と温度でしか起こりません.15億K,
40万気圧で,酸素燃焼過程が起こります.二つの ^{16}O から,^{24}Mg,^{28}Si(ケイ
素28),^{31}P(リン31),^{32}S(イオウ32)などが合成されます.酸素の燃焼は
半年から1年続き,星の中央部は最終的にケイ素になります.

　最後に「ケイ素燃焼過程」が起こります.ケイ素燃焼過程は2週間ほどで終
わります.

　ケイ素燃焼過程では,次々と元素が合成されて,最後に ^{56}Ni を生成します.
^{28}Si が燃えて ^{32}S(イオウ32)になり,^{32}S が燃えて ^{36}Ar(アルゴン36)になり,
^{36}Ar が燃えて ^{40}Ca(カルシウム40)になり,^{40}Ca が燃えて ^{44}Ti(チタン44)
になり,^{44}Ti が燃えて ^{48}Cr(クロム48)になり,^{48}Cr が燃えて ^{52}Fe(鉄52)
になり,^{52}Fe が燃えて ^{56}Ni(ニッケル56)になり,^{56}Ni は燃えません.ここで
の「燃える」という言葉は,「^{4}He と反応する」という意味なので,質量数が
四つずつ増えていっています.これら一連の反応は ^{60}Zn を作ることなく,約
1日で終わります.なぜならば ^{56}Ni がエネルギー的に一番安定な核だからです.
^{56}Ni は「β^{+}壊変」(原子核が陽電子を放出して,原子番号が一つ減る反応,半
減期6.02日)を起こして ^{56}Co(コバルト56)になり,^{56}Co も β^{+} 壊変(半減
期77.3日)を起こして ^{56}Fe になります.(「半減期」というのは原子核の数が,
放射壊変を起こして最初にあった数の半分になる時間をいいます.たとえば,
原子炉で使うウラン235の半減期は7.04億年,医療用のコバルト60の半減期
は5.27年.半減期の10倍で,もとあった数のほぼ1000分の1になります.)

図1.4　赤色超巨星の断面図
発達したオニオンシェル構造が見られます.[Trex2001.
https://upload.wikimedia.org/wikipedia/commons/3/37/
Evolved_star_fusion_shells.svg]

　こうして，星の外側から順に水素燃焼殻，ヘリウム燃焼殻，炭素燃焼殻，ネオン燃焼殻，酸素燃焼殻，ケイ素燃焼殻，中央に鉄と順番に層構造をなします．これは玉ねぎの皮に似ているので，オニオンシェル（onion shell）構造と呼ばれます（図1.4参照）．

1.4　恒星の死（超新星爆発）と元素合成——B²FH 理論（その2）

　ここでは，恒星の死による元素合成を学びます．恒星の死については前節で学んだという人がいるかもしれません．たしかに，小さな質量の恒星の死は白色矮星です，と書きました．しかし，質量が太陽の8〜11倍を超えるような大きな質量の星は，派手な「超新星爆発」で死を迎えます．これにより，U（ウラン）まで，実際はPu（プルトニウム）やNp（ネプツニウム）といった超ウラン元素まで作られます．

　前節の最後で，恒星の中心核が鉄56（^{56}Fe）になるところまで来ました．すると，数分で恒星の中心核の^{56}Feは，13個の^{4}Heと，4個の中性子に分解し，恒星の中心核は「重力崩壊」します．この反応は「吸熱反応」のために一気に進みます．吸熱反応とは熱を吸収する反応です．そのために，星の中心核を支えていた熱膨張しようとする力が一瞬にして消え，星の中心部を周りから押し込んでいた重力が打ち勝って，一気に重力崩壊するわけです．

　この崩壊の衝撃波は中心から外側へ一気に伝わり，恒星は大爆発します．これが「タイプII」の超新星爆発です．爆発による中心部の高温・高圧によって，中心部の陽子は電子が押し込まれて（これを「電子の縮退圧」を超えるといいます），中性子になります．これが中性子星です．質量が大きい星の場合は中性子星ではなく，ブラックホールとなります．

　爆発のとき，鉄崩壊と同時に中性子が生じると述べました．原子核は爆発の短い時間の間に，この中性子を大量に浴びて，質量数の大きな原子核や，中性子に富む同位体が一気に生じます．これが1.3節に出てきた「r過程」で，鉄よりも重い元素を生成する過程の一つです．また，中性子に富む原子核は，電子を一つ放出して原子番号が一つ大きな原子核になる「β^-壊変」を起こし，中性子が陽子になって，原子番号が大きい原子核が次々に作られていきます．

　さて，恒星が連星になっていることはよくあることです．その際，片方の星が先に死を迎え，白色矮星になることもよくあります．するともう一方の恒星からガスが白色矮星に吸い取られ，白色矮星上で核融合を起こすことがあります．これは特に AGB 星によく起こる現象です．すると，白色矮星上で，二つの炭素 12 が反応して，マグネシウム 23 と中性子が生ずる，もしくは，炭素 13 とヘリウム 4 が反応して酸素 16 と中性子が生ずるという核反応が起き，中性子が作られます．すると，鉄を種に，中性子が一つ，また一つと増える現象が起きて，最終的に ^{209}Bi まで作られていきます．これが 1.3 節に出てきた「s 過程」です．

　場合によっては，白色矮星の上にたまった物質の質量が「チャンドラセカール限界」を超えて，超新星爆発を起こすことがあります．この超新星は，「Ia 型超新星」と呼ばれます．

　チャンドラセカール限界とは，白色矮星の質量限界のことで，これ以上質量が大きくなると，超新星となってしまう質量限界のことをいいます．この質量は太陽質量の約 1.38 倍です．なお，チャンドラセカール氏 (S. Chandrasekhar) は，インドの物理学者で，この理論研究により 1983 年，ノーベル物理学賞を受賞しました．

　チャンドラセカール限界で Ia 型超新星となる質量が規定されるため，Ia 型超新星の明るさは一定となり，標準光源として利用できます．逆にこれを利用すれば，1.1 節に述べた 2011 年のノーベル賞の話のように，Ia 型超新星までの距離が計算できます．Ia 型超新星からその超新星までの距離の測定を可能にするという，ノーベル賞に値する素晴らしいアイデアです．

　元素合成には他にも，超新星爆発の際の強烈な光によって原子核が分解される，「光崩壊過程」もしくは「p 過程」（p は［photo disintegration］の p に由来）があります．これにより，同じ元素でも中性子が少ない原子核が生まれます．B^2FH 理論では，同じ元素で中性子が少ない同位体は「p 核種」と呼ばれ，「陽子捕獲過程」で生じると考えられていました．陽子捕獲過程も p 過程と呼ばれたので，混乱しました．今では，中性子が少ない同位体（p 核種）は，光崩壊過程（p 過程）で生じると考えられています．

　かくして，元素ができました．次の 1.5 節でいよいよ我々の太陽系創造です．

1.5　いよいよ太陽系創造――ガス雲から太陽系まで

　初期の恒星とそれを取り巻くガス雲，それらを太陽系ネビュラと呼びます．太陽系ネビュラは，次の五つの物理量で支配されます（図1.5参照）．（1）遠心力，（2）物質の放出量（ジェットによる質量と角運動量の放出），（3）物質の降着量（恒星を取り巻くガス円盤からの質量の獲得），（4）磁場の強さ（物質の放出と降着は磁場の強さに支配されています），（5）角運動量の保存（すべての過程での角運動量は保存されなくてはなりません）．

　恒星は二つの強い磁場を持っています．一つは回転軸に沿った垂直の磁場であり，もう一つは水平に伸びる磁場です．降着-放出のモデルでは，これらの磁場が「X-リング」（2次元で書くと X-ポイント）で交差します．水平に降着してきた物質は X-リングに沿って垂直方向に放出されます．「コンドライト」中の「コンドリュール」（7章や図7.4参照）は X-リングで加熱されて融解したケイ酸塩が，この放出ジェットに乗って，放出され，急冷され，球形になったと考える研究者も少なくありません．（コンドライトというのは隕石の一種で，球形のケイ酸塩であるコンドリュールを含むものをいいます．）

　我々の太陽のもととなった物質は，ビッグバンによって作られた水素原子と，何世代かの恒星によって作られたヘリウム，さらに，何世代も前の超新星爆発

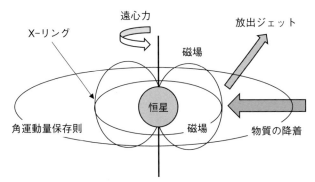

図1.5　初期恒星と周りのガス雲を取り巻く五つの物理量
（1）遠心力，（2）物質の放出量（放出ジェット），（3）物質の降着量，（4）磁場の強さ（物質の放出と降着は磁場に支配されています），（5）角運動量の保存（すべての過程での角運動量は保存されます）．

によって合成されたほんの少しの重元素です．これらがガス雲となって漂って
いました．図1.6には，ハッブル宇宙望遠鏡でとらえた，オリオン大星雲中の
原始惑星系円盤の写真を示しました．

我々の太陽系は図1.6のような宇宙ガス雲の中で生まれました．ガス雲の進
化と時間・空間スケールを，図1.7に示しました．

最初の段階は，ガス雲から，原始星への物質の降着ステージです．太陽系が
できる場所に，近くの超新星からの衝撃波が伝わってきました．すると，ガス
雲に不均一ができ，3光年程度の範囲のガス雲が集まって，密度の高いガス円
盤（大きさ $10^3 \sim 10^4$ AU）ができました．ガス円盤の中央には，主に水素か
らなる巨大なガス球（原始星）ができました（図1.7の1）．この段階では，
ガス円盤に対して物質の降着と放出が同時に繰り返して起きています．原始星
は巨大ですが，周りのガス雲を通して観測することはできません．この過程は
1万年ほど続きます．

次の過程は，進化した原始星ステージ（図1.7の2）です．物質の降着と放
出は相変わらず激しく起きています．ガス円盤は収縮して，大きさが1/10ほ
どに小さくなりました．この過程は10万年ほど続きます．このとき，中心の
原始星やガス円盤は位置エネルギーの解放によって輝いています．

次に，古典的Tタウリ型星ステージ（図1.7の3）が来ます．ガス雲は激し
く物質を放出します．そのため，放出ステージといってもよいでしょう．放出
ジェットが観測できます．この過程は $100 \sim 1000$ 万年続きます．厚いガス雲

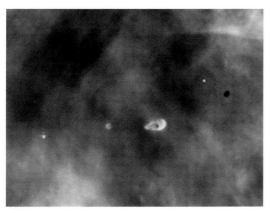

図1.6　ハッブル宇宙望遠鏡によ
るオリオン大星雲の原始
惑星系円盤の様子
[NASA and ESA. http://hubblesite.org/
newscenter/archive/releases/1994/24/
image/b/]

1. 原始星への物質の降着（1 万年，10^3-10^4 AU）

2. 進化した原始星　　　（10 万年，5×10^2-10^3 AU）

3. 古典的 T タウリ型星　（100 〜 1000 万年，10^2 AU）

4. 主系列星

```
 ○ ○   ○
○   ○
```

図 1.7　ガス雲の進化モデルと時間・空間スケール
（AU ＝天文単位＝現在の太陽−地球間距離）

は 100 AU に縮みます．このときに，惑星系が形成されます．T タウリ型星は物質の位置エネルギーの解放で輝きますが，エネルギーを失うことで収縮していきます．しかし，まだ水素の核融合は起きていません．

「T タウリ型星」というのは，おうし座（Taurus）の T 星に由来しており，分子雲の近傍に位置して，可視光で変光が見られることを特徴としています．この星は主系列星の前段階であり，周りのガス円盤や，その中の原始惑星や微惑星が光を遮ることにより変光すると考えられています．

最後は主系列星（図1.7 の 4）となります．収縮により星の内部が高温高圧となって，水素原子の核融合が始まります．星は，自身の核融合エネルギーで輝きだします．周りのガス円盤は 1000 万年程度で消え，惑星系が残ります．

このモデルは太陽程度の大きさの恒星の進化モデルです．ガス雲が大きかったり，小さかったりすると進化は別の道をたどります．

このモデルの完成には，宇宙望遠鏡・赤外線望遠鏡・X線望遠鏡といった望遠鏡の進歩と，それらによるガス雲の観測技術の進歩によるところが非常に大きいです．こういった望遠鏡については11章で説明します．

 ## 巨大ガス惑星と小惑星の形成――ニースモデル

1.5節ではガス雲から太陽への進化を考察しました．原始星を取り巻くガス雲は重力，磁場，角運動量保存則によって，熱く，平たくなっていきます．このガス雲をネビュラまたはプレソーラー・ディスクと呼びます．初めはガス雲でしたが，温度が下がるにつれて，μm程度のケイ酸塩，鉄，酸化鉄，炭素化合物の順に「凝華」していきました[*2]．このような μm 程度の粒子をダストと呼びます．ダストはぶつかりながらより大きい粒子となっていき，最終的には直径 10 〜 100 km の微惑星にまで成長していきました．

この過程は順調に起きていきそうですが，理論上二つの難問が残されています．そのため，ネビュラは順調に太陽系に進化していったわけでもなさそうです．一つ目は衝突速度とガス密度の問題です．理論での代表的な衝突速度をダストに当てはめると，ダストは合体せずに，より小さい破片にバラバラになってしまうということです．そのため，ダストが石ころ大にまで大きくなりません．

このことは，ガス密度が違いますが，地球の周りの宇宙ゴミを考えてみるとわかります．宇宙ゴミは互いに高速で衝突すると，合体はせずに相互に破壊し合って，より小さな宇宙ゴミとなります．真空ではなく大気圧近くでゆっくりと衝突しても決して合体はしません．

もう一つの問題は，成長の際の，微惑星の動径方向への分布の問題です．濃密なガスがあると，100 〜 1000 年で，すべての微惑星が簡単に原始星に引きずりこまれてしまいます．

第一の問題は，まだ解けていません．メートルサイズの小石を作るには，「非

[*2] 気体が直接固体になる場合の日本語は正式にはなく，「凝華」派，「昇華」派，「凝結」派とあるようです．「氷結」は某メーカーの飲料なので誤りで，「凝結」は液体が固体になることを指すことが多いです．

弾性的な衝突」（運動エネルギーを熱に変えるような，物理的にくっつくような衝突）条件が必要となります．しかしながら，このような条件がいまだに見つかっていません．

　第二の問題は，ヨハンセン（A. Johansen）らにより 2007 年に解決されました．彼らは磁場と回転の不均一を考えることで，メートルサイズの小石から，半径 900 km の準惑星セレスを，計算上作ることに成功しました．

　この，微惑星の名残りが小惑星であり，隕石です．小惑星はいまだに衝突し合っています．衝突すると，バラバラになり，岩石のかけらになって，地球に落ちる軌道をとるものも出てきます．これが隕石です．また，微惑星には，集積した量が少なく，自らの位置エネルギーで溶融しなかったものがあります．これは始原的小惑星と呼ばれるものです．そして，このかけらが始原的な隕石になるわけです．一方，集積した量が多いと，自らの位置エネルギーの熱で変質していきます．これが普通コンドライトです．さらに，大量の微惑星が集積すると，変質を超えて溶融します．すると，比重の重い金属は微惑星の中央へと集まって，金属核を形成します．これが衝突によって粉砕されて外部に出てきたものが，隕鉄となります．

　さて，フランスのニース（Nice）にあるコートダジュール天文台の研究者（K. Tsiganis ら）は，2005 年に太陽系生成から 6 万年までと 7 億〜 10 億年の総合的なモデル（ニースモデル，これには英語のナイス "nice" をかけてあります）を発表しました．この二つの時期には，太陽系の大きな事象，すなわち，巨大惑星形成，「メインベルト（小惑星帯）」形成，「（木星）トロヤ群天体」形成，「エッジワース・カイパーベルト天体[*3]」形成や，「後期重爆撃」が起きています．そして，彼らは，これらの大きな事象が，木星・土星・天王星・海王星という巨大ガス惑星が軌道を外側から内側へ，そして内側から外側へと移動し，それにより引き起こされたと説明しました（図 1.8 参照）．

　このモデルは，30 AU の大きさの太陽系星雲中の，微惑星の N 体シミュレーションの計算によって得られました．モデルは，木星・土星・天王星・海王星

[*3]　エッジワース・カイパーベルト天体とは，海王星軌道よりもはるか外側の軌道の 48 〜 50 AU にあり，黄道面付近の領域にある天体です．

といった巨大ガス惑星と小さな微惑星（地球質量の 100 分の 1 倍の質量を持つ，3500 個の微惑星）から始めます．巨大惑星は微惑星を集めたり，吹き飛ばしたりしていきます．木星の核は「スノーライン」（氷が存在し始める領域）のちょうど外側，約 3.5 AU で地球質量の 300 倍を持つと仮定します．土星の核は〜 4.5 AU で地球質量の 35 倍から始めて，地球質量の 60 倍にまで増えると仮定します．海王星と天王星の核はそれぞれ〜 6 AU と〜 8 AU にあり，地球質量の 5 倍を持つと仮定します．

土星の質量が地球質量の 60 倍に近くなってくると，土星は急に内側に動き，2 AU まで太陽に接近します．それにより木星は 10 万年で 1.5 AU 付近まで内側に移動します．すると，木星を引き連れて，土星は 1:2 の「軌道共鳴」（二つの天体の公転周期が簡単な整数比をとって運動が共鳴すること）をしながら，今度は外側へと移動していきます．天王星と海王星も同様に外側へと移動していきます．木星が 5.4 AU まで移動していった頃に，土星・天王星・海王星はほぼ現在の質量に達します．降着円盤は消えていき，木星と他の惑星が今の位置に来てから 3000 〜 5000 万年後に，現在の岩石惑星が作られます．

「後期重爆撃期」（Late Heavy Bombardment; LHB）というのは月のクレーター年代学から発見されました．この後期重爆撃期は，地球の進化，生命の進化においても重要な役割を果たしたと考えられています．（この言葉は覚えておいて損はありません．）月のクレーターの年代を調べてみると，太陽系の始まりから 7 〜 10 億年のクレーターが異常に多いのです．このことはニースモデルの，木星と土星の 1:2 軌道共鳴で説明できました．この二つの巨大惑星が，太陽系の始まりから 7 億年後に，1:2 軌道共鳴を横切った頃に，土星・天王星・海王星の軌道が不安定になり，今の軌道へと移動していきました．これは 8.8 億年後頃まで続きました．これにより，太陽系内のすべての微惑星は土星によって散乱されました．それが，後期重爆撃の原因です．このとき，月には 3 〜 8 × 10^{18} kg もの物質が衝突したと考えられています．

木星の重力は太陽系最大なので，太陽と木星の「ラグランジュ点」（9.7 節参照）に多くの小惑星を集めました．木星のラグランジュ点 L4 と L5 に位置する小惑星は木星のトロヤ群と呼ばれ，図 1.8 の木星の絵の下に小さく「トロヤ群」と書いてあるのはこれらの小惑星を意味します．

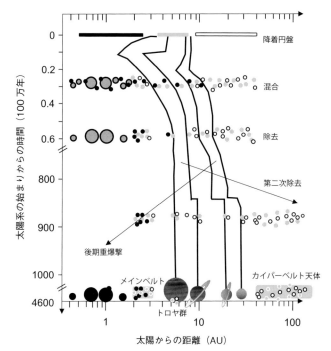

図 1.8 ニースモデルとグランド・タック・モデルの融合モデル
DeMeo and Carry, 2014 をもとに著者が作成. 黒丸は,
岩石質天体を, 白丸は氷天体を, 灰色の丸は両者の混合
物を示す.

1.7 木星と土星による小惑星の移動——グランド・タック・モデル

ニースモデルでは, 岩石質天体(図1.8の黒丸)と, 氷天体(図1.8の白丸)
を小惑星帯で大規模に混合することが困難でした. そこで登場したのがグラン
ド・タック・モデルです (Walsh et al., 2011). タック (tack) というのは, ヨット
の用語で, 微惑星が巨大惑星によって引っ張られていく様子を意味します. さ
らに木星と土星の共鳴は1:2ではなく2:3とし, 降着ガス円盤も考慮しました.
木星は現在の火星軌道 (1.5 AU) まで内側に動き, 初期の小惑星帯を空っ
ぽにしました. そして, 土星との軌道共鳴によって外側に移動していくときに,
微惑星をまき散らし, 再び小惑星帯を作っていきました. そのため, 初期の小

惑星帯に見られた組成の距離依存性（太陽から3 AUより遠い領域では水はすべて氷となるため，3 AUより太陽に近いものは岩石質天体，3 AUより遠いものは氷天体）をなくすことができました．

　木星が1.5 AUまで動いたとしても，2～3.2 AUの小惑星帯は生き残りました．揮発物の少ない小惑星（岩石質小惑星）は小惑星帯内側に多く，揮発物に富む小惑星（氷微惑星など）は小惑星帯外側に多く存在します．～2.8 AUがその境目と考えられています．そして，木星の内側への移動の際に，岩石質小惑星はそのさらに内側に移動し，降着円盤内側の質量は地球質量の2倍にまで増えて，これにより，地球型惑星が生成したと考えました．一方，降着円盤内側の物質のうち14%の物質を，最終的には3 AUまで，外側へはじき出したと考えました．次に，木星が外側へ移動しだすと，このはじき出された物質の一部が新しい小惑星帯になりました．木星と土星は，さらに海王星生成領域（13 AU）の氷微惑星などを現在の小惑星帯へと移動させました．

　これらの結果，小惑星帯は2種の異なる物質が距離依存性を持たずに混合している形となりました．物質の一つは3.0 AU以内由来の岩石質小惑星（プラス地球質量の0.8倍の，8～13 AU由来の氷微惑星など），もう一つは8 AUより外側の氷微惑星などです．11～28 AUの氷微惑星などは離心率[*4]が高くなり，1～1.5 AUに入り込むようになって，地球に水を与えたと考えられます．

　また，火星問題といわれる，他のモデルでは火星軌道近傍に地球質量の0.5～1倍の惑星ができてしまうという計算上の問題を解決できました．

　今日の小惑星は木星と強い共鳴状態にあり，大きく移動することは困難です．しかし，日夜少しずつ変化しています．小惑星同士は衝突を繰り返しており，小さくなった破片は「YORP効果」（10.4節，16.4節参照）によって，軌道が変化し，メインベルトから次々とはじき出され，その一部は隕石として地球にやってくると考えられています．

[*4]　真円は0，楕円は0～1，放物線は1，双曲線は>1という，二次曲線の固有の値．軌道が高離心率を持つということは，太陽を一つの焦点とする極端な楕円軌道を持つということ．

1.8　太陽系外惑星の観測結果——ホットジュピター問題

　ケプラー探査機は，天の川銀河の中の恒星の，地球サイズの太陽系外惑星を発見するために，NASA により 2009 年に打ち上げられました．名前は有名な天文学者であるケプラー（J. Kepler）に由来します．ケプラー探査機は，写真撮影をするのが目的ではなく，星の光度変化の計測をするのが目的のため，宇宙望遠鏡とは呼ばれません．決められた視野中の，14 万 5000 以上の主系列星の明るさを，常時観測するための観測機器だけが搭載されています．もしも太陽系外惑星が恒星に存在すれば，その惑星が恒星の前を横切ることによって，規則的に恒星が暗くなります．そのようなデータを発見して，太陽系外惑星を発見することが目的でした．運用は 2018 年に終了し，最終的には 2600 個の太陽系外惑星を発見しました．

　ケプラー探査機が発見した太陽系外惑星のうち，半分以上は離心率が 0 に近い太陽系のような惑星系でした．しかしながら，公転周期は数日から数か月であり，惑星の質量は太陽質量の 1 〜 50 倍でした．これらの惑星の軌道は地球の内側を回ります．このことは，我々の太陽系が極めて特殊なものであることを意味します．加えて，太陽系外惑星は太陽が生まれてから約 100 万年後にできていました．さらに，それらの太陽系外惑星は，太陽系の初期にできたことからガス惑星であると考えられました．

　これらの太陽系外惑星は，惑星の質量が巨大で，太陽近傍なので熱いために，「ホットジュピター」と呼ばれました．これは，太陽系ネビュラガスが散逸してから十分に後の，太陽誕生後 1 〜 2 億年後に地球ができたという，我々の太陽系とははるかに異なります．

　この，「ホットジュピター問題」を解くため，バティギン（K. Batygin）とラフリン（G. Laughlin）は 2015 年に，グランド・タック・モデルを拡張した計算で挑戦しました．グランド・タック・モデルは 1.7 節で述べた，木星が内側に動いてから，外側へ移動するというモデルです．計算結果は図 1.9 に示しました．この場合，ガス惑星のホットジュピターが 2 個あると仮定しています．図 1.9a は，太陽系ができてから約 100 万年後に，約 3 AU にある木星が，グ

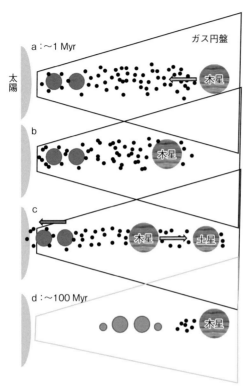

図 1.9　バティギンとラフリンのモデル
　　　計算
左端の円弧は太陽，a〜cの左の大きな二
つの丸はホットジュピター，小さな点は半
径 10 〜 1000 km の微惑星，太陽から発
する台形はガス円盤の一部を示します．a
からdに向けて，時間が経過していきます．
1 Myr は 100 万年を意味します．説明は
本文を参照してください．図は Naoz,
2015 をもとに著者が作成.

ランド・タック・モデルに沿って内側に移動を開始したところを示しました.
図 1.9b は木星が内側に移動するにつれて，微惑星同士が衝突して 100 m 以下
のサイズになったところです．図 1.9c は木星が〜 1.5 AU にまで太陽に接近
したところです．すると土星との共鳴によって，今度は木星は外側へと移動し
始めます．一方，ホットジュピターは 100 m 以下の微惑星ともども，空力学
によって，軌道がどんどん内側に移動し，最終的には太陽へと引きずり込まれ
てしまいます.

　かくして，木星の移動により，太陽系は一度「リセット」されました．ホッ
トジュピターが消滅後，太陽誕生後〜 1 億年後に第二世代の惑星が，残った物
質やガスによって生み出されます（図 1.9d）.

　このモデルでは，なぜ軌道周期が短時間のホットジュピターが我々の太陽系
には存在しないのか，そして，岩石型惑星の形成が終わるまでに，〜 100 万年

ではなく，〜1億年という長い時間が必要だったのかを説明することができました.

2

太陽系の岩石型惑星
―太陽と地球型惑星―

> 我らが太陽系は形成されてからすでに 45.6 億歳になります．2 章から 4 章にわたり，現在の太陽系の姿を，岩石型惑星を中心に説明することにします．2 章で水星・金星，3 章で月，4 章で火星といった地球型（岩石型）惑星について説明します．なお，2 章では，太陽系の中心である太陽についても簡単に説明します．

2.1 現在の太陽系――太陽と八つの惑星

　この節では，太陽系の八つの惑星と，有名な衛星について復習しましょう．太陽系の惑星と，有名な衛星の軌道データと物理パラメータ，特徴をまとめて表 2.1 に示しました．軌道長半径というのは，楕円軌道をとっている場合に，長軸の半分の長さのことで，円軌道ならば半径と一致します．

　液体の水を持つ惑星や衛星には，生命を持つ可能性があります．特に木星や土星の氷衛星の地下深くには液体の海が存在する可能性が指摘されています．これについては，終章で詳しく述べることにします．

　太陽系は，太陽と，8 個の惑星とその衛星だけでなく，小惑星（9・10 章），太陽系外縁天体（エッジワース・カイパーベルト天体，散乱円盤天体，オールトの雲），彗星からなります．2 〜 4 章では，太陽から，水金月火（表 2.1）の順に，特徴を簡単におさらいしていくことにします．この章では，太陽と，隕石のもととなる可能性がある地球型惑星，もしくは岩石型惑星と呼ばれる惑星のうち，水星と金星について復習していくことにします．

表2.1　太陽と，太陽系の惑星，有名な衛星の軌道データと物理パラメータ，特徴

惑星・有名な衛星	衛星数	軌道データ 軌道長半径 (AU)	公転周期	自転周期 (赤道)	物理パラメータ 半径 (×地球)	質量 (×地球)	特徴
太陽	−	−	−	27d	109	$3.33×10^5$	
水星	0	0.387	87d	58d	0.384	0.0553	鉄に富む
金星	0	0.723	224d	−243d	0.952	0.815	CO_2 の雲
地球	1	$(1.49×10^8 km)$	(365.25d)	24h	$(6.357×10^3 km)$	$(5.97×10^{24} kg)$	海洋，生命
月		0.00257	27.321d		0.273	0.0123	大気がない
火星	2	1.52	1.88y	24.6h	0.532	0.107	CO_2 の大気
フォボス		$6.3×10^{-5}$	7.66h		0.0035	$1.8×10^{-9}$	D型小惑星
ダイモス		$1.6×10^{-4}$	30.35h		0.002	$3.4×10^{-10}$	C型小惑星
木星	79	5.203	11.862y	9h56m	11	318	太陽系最大惑星
イオ		0.00283	1.77d		0.286	0.015	硫黄の火山
エウロパ		0.0045	3.55d		0.246	0.008	表面が氷
ガニメデ		0.0995	7.15d		0.414	0.0248	磁場を持つ
カリスト		0.0722	16.7d		0.379	0.018	表面が氷
土星	62	9.58	29.46y	10h14m	9.16	95.15	環を持つ
エンケラドゥス		0.0016	1.37d		0.04	$1.8×10^{-5}$	塩水の海，生命？
タイタン		0.0082	15.9d		0.405	0.023	大気を持つ
天王星	27	19.2	84y	−17h14m	3.99	14.53	軸が横向き，環
海王星	14	30.07	165y	16h6m	3.86	17.1	氷惑星
トリトン		0.0024	5.9d		0.213	0.0036	捕獲天体？

公転・自転周期　y：年；d：日；h：時間；m：分．自転周期のマイナスは逆行を意味する．

 2.2　太陽——太陽系の中心

　まずは太陽です．太陽系の質量の99.86％を占めます．その構造を中心から見ると，中心核・放射層・対流層・光球・彩層・コロナからなります．中心核は太陽半径の2割を占め，密度156 g/cm³，2500億気圧，温度1500万Kに達しています．ここでの熱核融合により，1秒あたり430万トンの水素原子がヘリウムに変換され，$3.8×10^{26}$ Jのエネルギーを生産しています．大部分のエネルギーはガンマ線になり，さらには数十万年かけて放射層と対流層を抜けて太陽表面に達します．一部のエネルギーはニュートリノによって瞬時に宇宙空間

に放出されていきます.

　光球は,可視光を発する,太陽の見かけのふちを形成する層です.約5800 K の黒体放射に近く,その上に約600本の吸収線[*5]（フラウンホーファー線）が乗っています.光球の上には黒点と呼ばれる温度約4000 K の低温部分が存在します.彩層は厚さ約2000 km の7000 〜 10000 K のプラズマ大気層です.さまざまな吸収線や輝線が見られます.これらの輝線・吸収線から太陽中の元素存在度が見積もられました.元素存在度については次の2.3節に述べます.

　コロナは,約200万 K のプラズマ大気層であり,太陽半径の10倍以上に広がっています.コロナからは粒子密度10^{11}個/m^{3}の太陽風が出ています.

　さて,表2.2に示したように,1970年代から,宇宙からのX線観測により太陽観測は活発に行われてきています.アメリカは「ヘリオスA・B」,「ユリシーズ」,「WIND」,ESA と NASA 共同の「SOHO」などを打ち上げてきました.特にSOHOは,20年以上太陽観測を続けており,いまだに太陽風などの宇宙天気予報を行うための主要な情報源として活躍中です.また,太陽をかす

表2.2 太陽探査機の主要データ

太陽探査機	発射年	成果
ヘリオスA	1974	太陽表面活動
ヘリオスB	1976	微小隕石密度が地球周辺の15倍
ひのとり	1981	太陽フレアの高精度観測
ユリシーズ	1990	1996 百武彗星調査
	1990	2004 マックノート・ハートレイ彗星調査
	1990	2007 マックノート彗星調査
ようこう	1991	太陽コロナの変動撮影,高エネルギー電子挙動解明
WIND	1994	太陽風など観測,運用中
SOHO	1995	宇宙天気予報,SOHO 彗星多数発見,運用中
ACE	1997	宇宙天気予報,太陽嵐,運用中
ジェネシス	2001	2年半太陽風採取,サンプルリターン,回収カプセルが地上に激突後,一部損傷
STEREO-A/B	2006	コロナガスなど立体的観測,2015 STEREO-B 通信途絶
ひので	2006	コロナ加熱問題,太陽フレアの解明,宇宙天気予報の基礎

---

*5　太陽光を分光して太陽光スペクトルを撮ると,黒体放射に相当する滑らかな発光線のところどころに黒く鋭い線が見えます.1本1本が特定の元素の吸収によるものなので,吸収線と呼びます.

める彗星を 2000 個以上発見し，SOHO 彗星と名づけられています．

　日本は「ひのとり」（1981 年に打ち上げ，1991 年に燃え尽きました），「ようこう」（1991 年に打ち上げ，2005 年に燃え尽きました），「ひので」（2006 年打ち上げ，運用中）などが打ち上げに成功し，多くの成果を上げています．

　特に最近では，太陽探査機は太陽活動から宇宙天気予報を出して，人工衛星の損傷や送電線の被害などに事前に備えるための重要な情報源となっています．

 ## 2.3　太陽の元素存在度——太陽系の元素存在度

　水素，ヘリウム以外の太陽の元素存在度は，そのまま太陽系の元素存在度と考えることができます．図 2.1 に，太陽の元素存在度を示しました．実際は地球上で手に入った，最も始原的な隕石（CI1 コンドライトの平均値）の元素存在度を示したものです．太陽のスペクトルから測定した元素存在度では，実際の太陽の元素存在度からの誤差が大きくなるからです．また，そのため，揮発性の高い，希ガスなどのデータはこの図にはありません．

　この図からは，いろいろなことがわかります．第一に，元素存在度は原子番

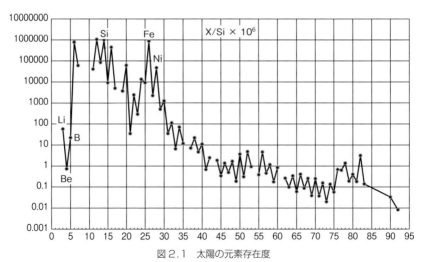

図 2.1　太陽の元素存在度
縦軸は，各元素の存在量とケイ素の存在量の比の 10^6 倍をとったもの．横軸は元素の原子番号．

号が大きい元素ほど低い傾向にあることです．これは，元素合成が，重い元素ほど困難であったことを示します．しかし，最も左はじの三つの元素（リチウム，ベリリウム，ホウ素）の存在度は他の元素に比べて非常に低くなっています．これは，1章で述べたB^2FH理論の中でも説明ができませんでした．これらの元素の異常は，恒星中で破壊されたり，高エネルギーの銀河宇宙線によって核破砕反応を受けて破壊されたりしたためのようです．

　次に気づくのは，特に重い元素の元素存在度ではっきりしていますが，元素存在度がジグザグしていることでしょう．これは，原子番号が偶数だと元素存在度が多く，原子番号が奇数だと少ないことを反映しています．理由は，原子番号が偶数の原子の方がより安定な原子核であるためです．

　仮にあなたの手もとに，揮発性元素以外の元素存在度，すなわち，難揮発性元素の元素存在度が，ここに示した太陽のものと同一な岩石があったとしましょう．それは，太陽系を代表する物質，すなわち始原的な物質，つまりはコンドライトである可能性が高いと考えられます．特に風化が激しい隕石の場合は，難揮発性元素の元素存在度のパターンから，隕石かどうかが判定できます．逆に，隕石かどうか判定を依頼された場合，最も確実なのは難揮発性元素の元素存在度を測定することです．これにより，本物の隕石か，そうでないかを簡単に判定することができます．

2.4　水星——灼熱の最内殻惑星

　太陽系では最も小さく，平均密度 $5430\,\mathrm{kg/m^3}$ で，惑星半径の3/4が金属核，その周りが岩石質のマントルと地殻です．この平均密度は地球の平均密度 $5514\,\mathrm{kg/m^3}$ よりわずかに小さく，これは地球が自重による圧縮を受けているためと考えられています．

　水星はどの岩石型惑星よりも鉄の存在比が大きい惑星です．これは，(1)もともとはありふれた鉄-ケイ酸塩比を持つ原始水星に，1/6程度の質量を持つ原始惑星が衝突して原始水星の地殻・マントルを吹き飛ばし，両者の金属核が合体した（巨大衝突説），(2)水星が原始太陽系星雲の初期に形成され，原始太陽が収縮・活発化したために表面岩石が蒸気となって失われた（蒸発説），な

どの諸説があります．表 2.3 にはこれまでの水星探査機の主要データを示しました．水星は太陽に近く，探査機が近づくのが困難だったために，これまで探査機による観測は，NASA のマリナー 10 号と，メッセンジャーの 2 機しかありませんでした．現在，日本の JAXA と ESA は，ベピ・コロンボ[*6] という相乗りの探査機を飛ばして水星に向かっているところです．この水星の成因についても，ベピ・コロンボが水星表面の組成を測定することで決着をつける予定です．

　1975 年のマリナー 10 号での観測では，水星の表面は月に似ており，カロリス盆地と名づけられた，惑星直径 1/4 以上のクレーター群が発見されました．これは，1.6 節で述べた「後期重爆撃期」に隕石が衝突して，当時まだ活発だった火山活動により盆地がマグマで埋まったためと考えられました．もう一つの発見は，水星に散在する，高さ 2 km，長さ 500 km にも及ぶ断崖線構造（リンクル・リッジ）でした．これは水星内部が冷却され，半径が 1 ～ 2 km 収縮したことによる「しわ」であると考えられました．さらに，太陽の潮汐力は，地球が月に与えるそれの 17 倍で，そのため水星は赤道部分が膨らんでいます．

　水星は地球の 1.1% と弱くではありますが，磁気圏を持っています．これはマリナー 10 号で発見され，メッセンジャー探査機で確認されました．この磁気圏は，地球と同様に，流動する金属核（流動核）が発生する電流からの磁場，いわゆる「ダイナモ効果」から生じていると考えられています．

　表面の温度は 100 ～ 700 K（平均 452 K，179℃）です．しかしながら，水星の極付近の深いクレーターには，太陽光が当たらない，永久影になる部分があり，そこに氷が確認されています．レゴリス（表面の砂の層）が覆うことで昇

表 2.3　水星探査機の主要データ

水星探査機	発射年	目標軌道到着年	成果・特徴
マリナー 10 号	1973	1974	水星磁場発見
メッセンジャー	2004	2011-2015	水星の物質，磁場，地形，大気の調査
ベピ・コロンボ	2018	2025 水星軌道投入予定	JAXA と ESA の共同計画

*6　名称は，イタリア人の科学者・数学者ジュゼッペ・"ベピ"・コロンボ（Giuseppe "Bepi" Colombo）に由来します．ベピは愛称です．

華から免れているようです．氷の水の起源は，彗星の衝突か，内部からの放出といわれています．

　ベピ・コロンボについてもう少し説明しますと，ベピ・コロンボは，ESA担当の水星表面探査機（MPO）と，JAXA担当の水星磁気圏探査機（MMO；みお）からなります．1回の地球スイングバイ，2回の金星スイングバイ，6回の水星スイングバイを経て，水星周回軌道に入ります．水星の公転速度が大きいので加速が必要なわけです．さらに，太陽の熱から探査機を守る必要もあります．

　おそらくベピ・コロンボについて知っている人は日本では専門家以外にはほとんどいないのではないでしょうか．JAXAはベピ・コロンボについて，もう少し宣伝をした方がよいと思います．我々の税金が150億円も使われているのですから……．ベピ・コロンボの成功と成果を大いに期待しましょう！

2.5　金星——高温・高圧の大気を持つ，死の惑星

　金星はほとんど地球と同じ大きさと平均密度を持ちます．しかし，地表の平均温度は464℃，大気圧は90気圧という，地球とは全く異なる大気圏を持つために，表面の様相は全く異なります．これは大気の96.5%を占める二酸化炭素の温室効果によるものです．地球も大気中の二酸化炭素がこのまま上昇していけば，金星のような死の惑星になってしまうことでしょう．

　この大気組成の違いは海の存在によるものです．地球では二酸化炭素が海に溶け込んで炭酸塩として固定化され，プレートテクトニクスにより地殻深く運ばれたために，大気中の二酸化炭素が取り除かれました．

　大気上層部は4日で金星を1周する，時速360kmもの風が吹いています．これは自転速度（243日）を超えて吹く風という意味で，スーパーローテーションといわれています．さらに，二酸化硫黄からなる雲とそれから生じる硫酸の雨が金星を覆っています．しかし，硫酸の雨は地上に達することなく途中で蒸発します．

　このような情報は旧ソ連のベネラ計画，ベガ計画，ESAのビーナス・エクスプレス，アメリカのマリナー計画，パイオニア・ビーナス計画，マゼランな

どが長年積み重ねて得たものです．これらの金星探査機の主要データを表2.4
に示しました．旧ソ連は伝統的に金星の観測のための探査機と，着陸のための
ランダー（着陸機）に強く，表2.4中のベネラやベガと名がつくのは，すべて
旧ソ連によるものです．しかしながら，旧ソ連の秘密主義により，一部のデー
タしか公開されていないうえに，ロシア語の文献が多く，成果の詳細の多くは
不明です．NASAのマゼランはスペースシャトルから打ち上げられ，金星の
レーダーマッピングを行い，地表98%の地形の測定を行いました．

表2.4　金星探査機の主要データ

金星探査機	発射年	目標軌道到着年	成果
マリナー2号	1962	1962	世界初の金星接近飛行
ベネラ4号	1967	1967	高度25kmまで大気分析
ベネラ5号	1969	1969	高度26kmまで大気分析
ベネラ7号	1970	1970	世界初金星着陸，温度・圧力を送信
ベネラ8号	1972	1972	着陸，50分データ送信
マリナー10号	1973	1974	金星大気撮影
ベネラ9号	1975	1975	ランダー着陸，53分活動
ベネラ10号	1975	1975	ランダー着陸，65分活動
パイオニア・ビーナス計画 オービター	1978	1978	雲を撮影
パイオニア・ビーナス計画 着陸プローブ	1978	1978	四つの大気観測機を投下，高度110kmまでの大気観測
ベネラ11号	1978	1978	軟着陸，95分データ送信
ベネラ12号	1978	1978	軟着陸，110分データ送信
ベネラ13号	1982	1982	地上で127分動作
ベネラ14号	1982	1982	地上で57分動作
ベネラ15号	1983	1984	レーダーマッピング
ベネラ16号	1983	1984	レーダーマッピング
ベガ1号（気球）	1985	1985	高度54kmで46時間通信
ベガ2号（気球）	1985	1985	高度54kmで46時間通信
ガリレオ	1989	1990	木星探査機，金星スイングバイ
マゼラン	1990	1990-1994	全域レーダーマッピング
カッシーニ	1997	1998, 1999	木星へのスイングバイ途中
ビーナス・エクスプレス	2006	2006-2012	大気・磁気観測
メッセンジャー	2006	2006, 2007	水星へのスイングバイ
あかつき	2010	2010失敗, 2015成功	日本の探査機・新たな画像・未知の知見

　日本も 2010 年打ち上げの「あかつき」が，同年 12 月金星周回軌道投入失敗後，2015 年 12 月に再投入に成功し，金星大気の観測を行い，南北 1 万 km にわたる弓状模様を発見し，数値シミュレーションで解析するなどの成果を上げました．

　あかつきは逆止弁の閉塞とセラミックメインスラスタの破損によって，計画通りの軌道投入に失敗しました．原因は JAXA の地上試験により前述のように特定されました．後からの地上試験で原因が特定されるようならば，事前に地上試験をすればトラブル発生の可能性に気づけたはずです．予算の関係もあるでしょうが，一番大事なメインスラスタにトラブルが起きた場合は即失敗につながったので，事前試験を行っていなかったことが非常に惜しまれます．

　ただし，5 年後金星周回軌道へ再投入が行われ，予定旧軌道周期 30 時間から新軌道周期 10 〜 11 日への投入に成功し，2016 年末に 2 台の赤外線用カメラが故障するまで，金星大気の大量の写真撮影が行えて，新規の知見まで得ることができたことが救いです．

　なお，金星は地球に近いため，金星由来の隕石があってもよさそうです．風化が進んだ地球の岩石と間違えられて見つからない可能性もあります．「南極隕石」（7.2 節参照）の中で，風化が異常に進んだ隕石を徹底的に調査すると見つかるかもしれません．

3

月
―月の成因と岩石学―

地球の衛星，月．この 3 章では月について学びます．月は，地球に最も近い岩石天体です．アメリカのアポロ計画による 6 度にわたる有人サンプルリターン，また，旧ソ連の無人機によるサンプルリターンも行われました．さらには，世界の南極隕石コレクションの中から，月からの隕石も発見されています．それでもなお，月の成因はまだはっきりと解明されてはいません．本章では，これまでの研究による，月の成因論，また，月の地質や年代学について学ぶことにします．なお，月試料サンプルリターンについては 12 章にまとめてあります．

3.1 微惑星から地球と月の形成史――総まとめ

　月の岩石のサンプルリターンについては，第 4 部・12 章に別にまとめましたので，そちらを参照ください．

　現在考えられている，微惑星から地球と月の形成史を，図 3.1 として示しました．縦軸が時間です．核を形成しながら微惑星が集合して，「前地球」と「テイア」を形成していきます．テイアは火星サイズ（現在の地球の質量の $1/10$），前地球はほぼ現在の地球と同じ質量を持っています．軌道がほとんど同じところにあったため，化学的・同位体比的にも前地球とテイアのマントルはほとんど同一であったと考えられます．前地球とテイアは，相対速度と衝突後の最終的な地球からの脱出速度の比が $0.6 \sim 1.5$ の範囲で，衝突角度 $0° \sim 60°$ で衝突しました（ジャイアント・インパクト）．この条件での衝突の場合，衝突前後での質量の和はほとんど変わりません．

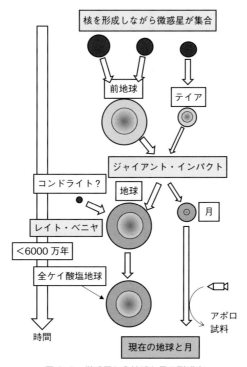

図 3.1 微惑星から地球と月の形成史

　衝突で，前地球とテイアの核は合体し，前地球のマントルとテイアのマント
ルも大部分が地球として合体しますが，マントルの一部分が飛び散り，揮発性
の低い元素は再集結して現在の月を形成しました．そのため，月は地球と化学
的・同位体比的にはほぼ同一で，揮発性の高い元素がやや少ない組成を持つこ
とになりました．また，前地球とテイアの核が合体したために，月の核は月質
量の 4% 以下と非常に小さくなりました．

　その後，地球にはマントルの質量の数十万分の 1 のコンドライトが「レイト・
ベニヤ」（後の 3.4 節参照）として衝突します．（ひょっとすると「後期重爆撃」
（1.6 節参照）がレイト・ベニヤに相当するかもしれません．）

3.2　ジャイアント・インパクトモデル——巨大衝突による月の形成

　キャメロンとウォード（Cameron and Ward, 1976）は，月の成因としてジャイアント・インパクトモデルを最初に提案しました．このモデルでは，

(1) 火星サイズ（$0.1\,M_E$；$1\,M_E$ は地球の質量）の微惑星が前地球に衝突．

(2) 揮発性の低い元素は衝突でケイ酸塩ガスディスクを形成．

(3) ガスは短時間で集積し，月を形成．

(4) 地球-月システムの不自然に大きい角運動量はこれで説明ができる．

　後に，衝突してきた微惑星は，ギリシャ神話で月の女神セレーネを生んだ女神の名前をとって，テイア（Theia）と名づけられました．

　その後，このモデルは洗練され，前述の，衝突体質量：前地球質量＝1:10の場合，相対速度と衝突後の最終的な地球からの脱出速度の比が $0.6 \sim 1.5$ の範囲で，衝突角度が $0° \sim 60°$ ならば，衝突効率＞90％という計算結果が出されました（Agnor and Asphaug, 2004; Asphaug, 2010）．

　地球化学的には下記の事項がジャイアント・インパクトモデルを支持しています．

(1) 現在の月の核の質量は約4％以下，地球の核の質量は34％．

(2) 「全ケイ酸塩地球」（BSE, 全地球マイナス核, すなわちマントル＋地殻）中の強親鉄元素（HSE）濃度は，CIコンドライト（コンドライト隕石のなかでも始原的と考えられている隕石，7.1節参照）の100分の1．

(3) $44 \sim 42$ 億年前,「レイト・ベニヤ」（3.4節参照）として強親鉄元素（HSE）が全ケイ酸塩地球に加わった．

(4) 月のケイ酸塩中の強親鉄元素（HSE）濃度はCIコンドライトの1000分の1．

(5) 月のLi, O, Mg, Si, K, Fe, Cr, Tiといった元素の安定同位体比は全ケイ酸塩地球のそれらとほぼ同じ．

3.3 月の石の化学組成——月の石から得られたモデル

　地球化学者はアポロからもたらされた月の岩石を分析すると，すぐに，月の岩石の組成がCIコンドライトの組成から，中間から強い親鉄元素を除いた組成であることに気がつきました（「親鉄元素」については6.1節参照）.

　そして，地球のマントルとの類似性，さらに，地球のマントルよりも揮発性の高い元素に乏しいことに気がつきました．また，4ベスタまたはユークライト母天体とは明らかに異なる組成を持つことも判明しました．当時の地球化学の大御所たち，リングウッド（Ringwood），ドライバス（Dreibus），ヴェンケ（Wänke），ドレイク（Drake）らは，月は地球の核ができた後のマントルからできたというモデルを提案しました.

　さらに，その後に測定されたLi，O，Mg，Si，K，Fe，Cr，Tiといった元素の安定同位体比も，地球と月の類似性を強く示唆しました.

 ## 3.4 レイト・ベニヤ——強親鉄元素のマントルへの追加

　全ケイ酸塩地球中の強親鉄元素，たとえば白金族元素の濃度は，分配係数を考慮に入れると，ほとんどすべて金属核に移動して，濃度がCIコンドライトの1万分の1以下になるはずです．ところが，地球の「始原的上部マントル」（白金族元素の場合は，入手可能かつ再現実験も可能な上部マントル物質だけで，白金族濃度を語ることになっています）中の白金族元素の濃度はCIコンドライト濃度の100分の1程度と，計算値に比べて100倍以上高くなっています．これは白金族元素を含む何か，たとえばコンドライトが，地球の成立後にマントルに加わったと仮定するしかありません.

　逆にいえば，今のマントルに，その数万分の1の質量のコンドライトが加わればこの矛盾はなくなります．その都合のよい何かを，「最後のうわべだけの帳尻合わせ」（late veneer，レイト・ベニヤ）と呼びました．（なお，ここでは水の起源，海の起源，揮発性元素や後期重爆撃とレイト・ベニヤの関係は何も考慮に入れていません.）

3.5 月の岩石の年代——岩石の年代が語る月の歴史

　本節では，表3.3にまとめた，月の岩石の年代を参考にしながら，月の歴史を述べていきます．

(1) マグマオーシャンと最初の結晶化　月は全体が溶けた状態（マグマオーシャン）から始まりました．その後，最初の結晶化です．「マフィックな」（マグネシウム（Mg）や鉄（Fe）に富む，という意味，5.6節参照）ケイ酸塩が結晶化して月の内部へと沈んでいきます．これは，のちのち，海の玄武岩のもととなります．

(2) FAN（鉄の多い斜長岩）の形成　マグマオーシャンが70〜80%結晶化すると，鉄を含む重いマグマから，低いMg/Fe比を持つ，FANという，鉄の多い斜長岩が形成されて，マグマオーシャンから浮かびます．これが月の高地を形成します．「^{146}Sm–^{142}Nd消滅核種年代測定」（6.4節参照）からは44.7±0.7億年，「^{147}Sm–^{143}Ndアイソクロン年代」（6.4節参照）からは43.1±0.7億年という年代が得られています（Nyquist et al., 2010）．

表3.3　月の主なイベントと年代（Carlson et al., 2014をもとに作成）

イベント・年代測定法	年代（億年）	文献
ジャイアント・インパクトの熱モデル年代	44.7	Bottke et al. (2015)
FAN の年代	43.60±0.03	Borg et al. (2011)
同上	43.1±0.7	Nyquist et al. (2010)
月の岩石中のジルコン年代のピーク	43.20	Grange et al. (2013)
月の岩石中のジルコン年代第2のピーク	42.00	Grange et al. (2013)
月の岩石中のジルコン最古の年代	44.17±0.06	Nemchin et al. (2009)
KREEP の Sm-Nd と Lu-Hf モデル年代	43.6±0.4	Gaffney and Borg (2014)
同上	43.6±0.4	Sprung et al. (2013)
同上	44.7±0.7	Nyquist et al. (2010)
Mg 系列岩の年代	42.83, 44.21	Carlson et al. (2014)
urKREEP 岩の年代	43.68±0.29	Gaffney and Borg (2013)
海の玄武岩の ^{146}Sm–^{142}Nd アイソクロン年代	43.2	Nyquist et al. (1995)
同上	43.5	Rankenburg et al. (2006)
同上	43.3	Brandon et al. (2009)

(3)「負の Eu 異常」を持つ斜長岩の形成　　残ったマグマオーシャン（マグマ）から形成される斜長岩は，結晶化した(2)の FAN に大部分の Eu を取られるため，負の Eu 異常（6.2 節参照）を持つ斜長岩を形成します.

(4)「KREEP 岩」の形成　　最後に残ったマグマからは，「不適合元素」(6.3 節参照），特にカリウム(K)，希土類元素(REE)，リン(P)を多く含む KREEP 岩といわれる岩石が形成されます. KREEP は，K+REE+P をつなげて KREEP とした造語です.

　「ジルコン」($ZrSiO_4$) は，不適合元素のジルコニウムにメルトが飽和しないと晶出しません. そのため，「ジルコンの年代」（6.5 節参照）のほとんどは KREEP 岩からの年代です. しかし，いくつかのジルコンは衝撃でできたメルトの角礫岩から見つけられています.

　ジルコンにはハフニウムが1%ほど含まれます. ハフニウムの熱中性子吸収断面積は非常に高いので，ジルコンの中の元素は中性子宇宙線から守られています. これは，年代測定に用いるウランを，中性子による核分裂から守っているのと同義で，正確さの高い年代が期待できます. 雑談ですが，ジルコニウムはハフニウムとは逆で，熱中性子吸収断面積が非常に低く，融点が非常に高い金属です. そのため，原子炉でのウランを支える燃料棒に最適な金属です. 一方，そのために，福島の原子炉事故ではジルコニウムがウランや使用済み核燃料と高融点の合金を作ってしまい，処理を非常に困難にしています.

　グレンジら（Grange et al., 2013）は，月の岩石のジルコン年代の頻度分布図（図 3.2）を作り，44 億年と 39 億年の間に，ピークが 43.2, 42.4, 42.0, 39.2 億年にあることを見出しました. 43.2 億年のピークは特に顕著で，次に

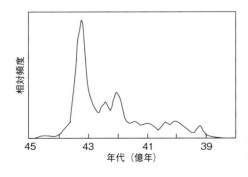

図 3.2　月のジルコン年代の相対頻度
図は Grange et al., 2013 に基づく.

42.0億年のピークが続きます．彼らは KREEP 岩のもととなる岩石が，不適合元素であるカリウム・ウラン・トリウムといった放射性元素を大量に含むために，放射壊変の熱で周期的に溶けたのではないかと考えました．

(5) Mg 系列岩の晶出　残ったメルト（マグマ）から，比較的高い Mg/Fe 比を持つ，Mg 系列岩が晶出します．カールソンら（Carlson et al., 2014）は，Mg 系列岩の，^{147}Sm–^{143}Nd 法アイソクロン年代，Lu-Hf 法アイソクロン年代をそれぞれ 42.83±0.23 億年，44.21±0.68 億年と得ました．また，ガフニーとボルグ（Gaffney and Borg, 2013）は，マグマオーシャンからの最後の生成物を urKREEP 岩と名づけ，43.68±0.29 億年という年代を得ました．

(6) 海の玄武岩の生成　最後は，高 Ti 玄武岩や低 Ti 玄武岩といった「*海の玄武岩*」の年代です．表 3.3 に示した，消滅核種である ^{146}Sm を用いた，「^{146}Sm–^{142}Nd 消滅核種アイソクロン年代」（6.4 節参照）は正確さが高く，月の海の玄武岩は，今から 43.2 〜 43.5 億年前にできたと結論した研究が多く報告されています．これは月ができてから 0.15 〜 0.19 億年後にあたります．

4

火星
―最も生命の可能性が高い惑星―

この4章では，この太陽系で，地球以外で最も生命が存在する可能性の高い惑星・火星について学ぶことにします．生命が存在するには，液体の水が必要であると考えられています．火星は過去に水をたたえた惑星であった証拠が見つかっています．しかし，その後水を失ってしまいました．現在の地表は太陽の放射線を遮るものが何もなく，もしも生命がいれば地中深くであろうと推測されています．本章では，なぜか人々を魅了してやまない，探査機が昔から多く飛んで行った（失敗率もなぜか高い），赤い惑星・火星について学ぶことにしましょう．

4.1　火星探査機——火星の観測と着陸機

　火星は硬い岩石の地表を持った，地球型惑星です．肉眼でも見ることができ，赤く見えます（図4.1）．これは海がなく，火星表面に酸化鉄が大量に含まれるためです．直径は地球の半分，地表での重力は地球の40%しかありません．

　火星への探査機を表4.1にまとめました．マルス2，5〜7号は旧ソ連の探査機です．のぞみは日本の探査機で世界で3番目に月の裏側の写真撮影に成功しました．しかし，火星周回軌道投入には至りませんでした．マーズ・オービター・ミッションはインドの探査機で，アジアで初めて火星軌道投入に成功しました．それ以外はNASAの探査機です．マーズ・パス・ファインダー，スピリット，オポチュニティ，フェニックス，キュリオシティは着陸機も成功し，火星の上をローバーが走り回りました（とはいっても非常にゆっくりでしたが）．

図4.1 火星

探査機ロゼッタにより 2007 年に撮影. 右下の白い点の半分がフォボスの大きさ. なお, ロゼッタは ESA が打ち上げたチュリュモフ・ゲラシメンコ彗星の探査機. [ESA & Max-Planck Institute for Solar System Research for OSIRIS Team ESA/MPS/UPD/LAM/IAA/RSSD/INTA/UPM/DASP/IDA. http://www.esa.int/spaceinimages/Images/2007/02/True-colour_image_of_Mars_seen_by_OSIRIS]

表 4.1　火星探査機の主要データ

火星探査機	発射年	目標軌道 到着年	成果
マリナー9号	1971	1971	火星表面・衛星撮影
マルス2号	1971	1971	旧ソ連初の成功した惑星探査機
マルス5号	1973	1974	画像撮影
マルス6号	1973	1974	
マルス7号	1973	1974	
バイキング1号	1975	1976-1980	ランダー成功, 地表写真
バイキング2号	1975	1976-1978	ランダー成功, 地表写真
マーズ・パス・ファインダー	1996	1997-1998	ローバー成功, 水の証拠発見
マーズ・グローバル・サーベイヤー	1996	1997-2006	ほぼ全球の地形データ獲得, 地形図作成
のぞみ	1998	失敗	月裏側写真撮影成功, 火星軌道投入失敗
2001 マーズ・オデッセイ	2001	2001-2010	南極・北極地下に水, 鉱物分布
スピリット	2003	2003-2010	砂地トロイにはまる
オポチュニティ	2003	2004-2018	赤鉄鉱・含水粘土鉱物発見, 40 km 移動記録
マーズ・リコネッサンス・オービター	2005	2006-運用中	高解像度写真撮影
フェニックス	2007	2008	土壌試料掘削, 氷らしきもの発見
キュリオシティ	2011	2012-運用中	有機分子発見, メタンの季節変動発見
マーズ・オービター・ミッション	2013	2014-運用中	アジア初の火星探査機

4.2   現在の火星の姿——水はどこへ？

　地球以外の太陽系天体で生命が存在する可能性が最も高いのは火星です．しかし，火星は 40 億年前に磁場を失い，それ以来，今まで太陽風に直接さらされてきたために，少しずつ大気を失い続けてきました．さらに，太陽の放射線を遮ることもできないために，現在，地表には生物は存在できません．終章で再び火星の生命について論じることにします．

　現在，火星には，主に二酸化炭素からなる薄い大気がありますが，火星大気の上層部は太陽風により宇宙空間へと流出しています．その結果，今では，火星の大気圧は，地球の 0.75 ％の大気圧（750 Pa）しかありません．大気の組成は 95.3 ％が二酸化炭素，2.7 ％が窒素，1.6 ％がアルゴン，そして微量の酸素と水を含んでいます．

　平均気温は −43℃ で，地球と同様に自転軸を傾けたまま公転しているので季節があります．冬になると地表は低温となり，大気全体の 25 ％は凝華し，極地方では厚さ数メートルの二酸化炭素の氷（ドライアイス）の層を作ります．春になってドライアイスが昇華しだすと，極に向けて 400 km/h もの強風が吹きつけます．

図 4.2　キュリオシティの自撮り写真
[NASA/JPL-Caltech/MSSS．http://www.nasa.gov/sites/default/files/thumbnails/image/pia19920_bigsky-selfie.jpg]

図4.3　キュリオシティから見た火星の景色
このような景色はここがかつて湖のような環境だったことを示しています．[NASA/JPL-Caltech/
MSSS.http://www.nasa.gov/sites/default/files/thumbnails/image/pia19839-galecrater-main.png]

　キュリオシティは2012年から3年以上火星で活動をしてきました（図4.2）．
キュリオシティの観測の結果，38 ～ 33億年前には，火星にはかつて湖を作る
ような十分な水があったことが示されました．図4.3に示すように，堆積物を
作るほど十分な水があったのです．図4.3の岩は，細かく層をなしている泥岩
で，湖のような環境でできたことを示しています．図からは水深800 mはあっ
たと考えられています．火星について，続きは終章でまた述べることにします．

 ## 4.3　火星の衛星──フォボスとダイモス

　火星にはフォボスとダイモスという二つの衛星があります（図4.4参照）．
どちらも小惑星が火星の重力場に捕獲されたものと考えられています．フォボ
スは火星の自転よりも早く公転しているため，潮汐力により，軌道半径はゆっ
くりと小さくなっています．やがて，「ロッシュ限界」（衛星が母星に破壊され
ずに近づける限界）を越えて，潮汐力で破壊されると考えられます．火星表面
の多くのクレーターは，過去にフォボスのような衛星がいくつかあったことを
示しています．
　フォボスはやや珍しいD型小惑星，ダイモスはC型小惑星です．これらに
ついての説明は9.4節の小惑星の分類で詳しく説明します．

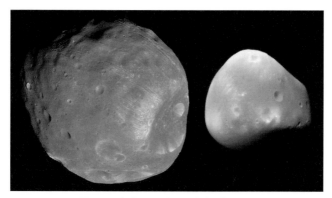

図4.4 （左）フォボスと（右）ダイモス
マーズ・リコネッサンス・オービターにより，それぞれ 2008 年と 2009 年
に撮影．大きさの比は実際の比に合わせてあります．〔NASA/JPL-Caltech/
University of Arizona．（左）http://photojournal.jpl.nasa.gov/catalog/PIA10368
（右）http://marsprogram.jpl.nasa.gov/mro/gallery/press/20090309a.html〕

　また，NASA/ESA は火星のサンプルリターンを，JAXA は火星の衛星のサ
ンプルリターンを計画中です．詳しくは 17.2 節で述べようと思います．

岩石の基礎知識

鉱物学と地球化学

Part **2**

▼〔写真〕この写真は NASA のスターダスト計画で採取された，カンラン石（フォルステライト，化学組成は Mg_2SiO_4）です．地球のマントルの大部分はカンラン石からなっており，大きくて綺麗なものはペリドットという名前の宝石となります．スターダスト計画は彗星のまき散らす物質を採集することを目的にした，いうなれば最初のサンプルリターン計画でした．〔NASA. https://images-assets.nasa.gov/image/PIA02190/PIA02190~orig. jpg〕

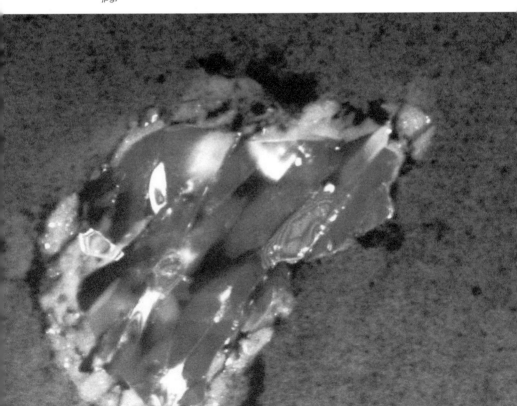

5

鉱物学の基礎
―岩石は鉱物からできている―

岩石は, 鉱物（急冷されたガラス質のケイ酸塩も含む）からできています.
岩石を語るうえでは, 鉱物学を避けては通れません. ここでの鉱物学は,
難しい群論や, 結晶学は無視した, 「最低限の鉱物学」です. ここでは,
特に隕石に見られる鉱物を化学式で見て, 組成を理解するだけです. では,
本章で鉱物学の基礎を学ぶことにしましょう.

5.1 鉱物学入門――固溶体と相図の理解から

　本節では, 鉱物学の基礎として, まず「固溶体」について学びます. 固溶体
とは, 2種類以上の元素（金属でも非金属でも）が互いに溶け合い, 全体が均
一の固相になっているものをいいます. たとえば, 金（Au）と銀（Ag）は互
いに任意の割合で混ざります. 化学式で書けば, $xAu + (1-x)Ag$ $(0 \leqq x \leqq 1)$で,
このように任意の割合で混ざった合金を作ることができます. これが固溶体（連
続固溶体）です. 固溶体のうち, はじの成分, ここでは金と銀を「端成分」と
呼びます.

　多くの鉱物はケイ酸塩からできています. ケイ酸塩にはたくさんの固溶体が
あります. ケイ酸塩の化学式を書いて, 酸素の数で扱うと比較的理解が簡単だ
と思います. たとえば, 鉱物の化学式が$2(MgO) \cdot SiO_2$であったら, 酸素の数
は4です. $2(MgO) \cdot 2SiO_2$であったら酸素の数は6です. ここでは, 酸素数4
（カンラン石族）, 6（輝石族）, 8（斜長石）と学んでいきます. 基本的に宇宙
には液体の水がないため, 含水鉱物（角閃石族, 雲母族など）は含まれません.
また, 宇宙はそれほど高圧ではないのでザクロ石族も, めったに出てきません.

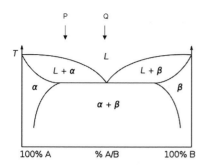

図 5.1　完全には固溶しない 2 物質 A, B の状態図
横軸は A と B の混合比 %, 縦軸は温度. L は液相, α,
β は A, B を主とする固溶体. P, Q は組成を, 縦軸
は温度を示す. [Michbich. https://upload.wikimedia.
org/wikipedia/commons/thumb/1/1d/Eutektikum_new.
svg/369px-Eutektikum_new.svg.png]

また, 鉱物・岩石名は英語名しかないものが多く, その場合, 本書ではカタカ
ナで表現することにします.

　さて, 連続固溶体もあれば不完全な固溶体もあります. 図 5.1 には, 完全に
は固溶しない 2 物質 A と B の「状態図」(もしくは「相図」ともいう) を示し
ました. A が 3/4, B が 1/4 からなる組成 P を持つ液体を冷却していくと, ほ
とんど物質 A からなる固溶体 α と液相 L の混合物が現れます. さらに冷却し
て温度が下がると, 固溶体 α と, ほとんど物質 B からなる固溶体 β がまだら
に固まった状態になります. A と B が同程度からなる組成 Q の場合は, 液相
L からいきなり固溶体 α と β の 1:1 の混合状態, もしくは固溶体 α と固溶体
β が狭い間隔で並んだ状態 (「ラメラ構造」という) になります.

 ## まずは酸素数 4 のカンラン石から——2([Mg,Fe]O) + SiO$_2$

　酸素数 4 はカンラン石 (オリビン) です. ペリドットという宝石はこのカン
ラン石です (図 5.2 左). オリーブ色 (濃緑色) をしていることからこの名前
がつきました. 片方の端成分は Mg_2SiO_4 (フォルステライト, Fo) です. も
う一方の端成分は Fe_2SiO_4 (ファイアライト, Fa) です. この場合, 鉄は 2 価
です. 鉄は 2 価と 3 価がありますが, 本書の鉱物学では宇宙の岩石を扱うので
鉄は 2 価と思ってください. そして, Mg_2SiO_4 と Fe_2SiO_4 は任意の割合で混合
し, オリビンは $(Mg_xFe_{[1-x]}O)_2SiO_2$ $(0 \leq x \leq 1)$ と表される連続固溶体からな
ります.

 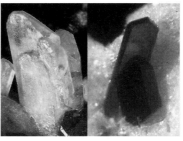

図5.2　(左) オリビン，(中) ダイオプサイド，(右) オージャイト
サイズ不明．[(左) Michelle Jo. https://upload.wikimedia.org/wikipedia/
commons/2/2c/Gemperidot.JPG (中) Didier Descouens. https://upload.
wikimedia.org/wikipedia/commons/thumb/9/95/Diopside_Aoste.jpg/742px-
Diopside_Aoste.jpg (右)Lou Perloff. Photo Atlas of Minerals. http://www.
webmineral.com/specimens/photos/Augite.jpg]

5.3　酸素数6は輝石──必要なのは (2[Ca,Mg,Fe]O)+2(SiO$_2$) だけ

　本節では，酸素数6の輝石について学びます．輝石 (パイロキシン) は，
$XY(Si,Al)_2O_6$ [$X=Ca^{2+},Na^{2+},Fe^{2+},Mg^{2+},Li^+,Y^{3+};Y=Cr^{3+},Al^{3+},Fe^{3+},Mg^{2+},Mn^{2+}$,
$Sc^{3+},Ti^{4+}.V^{5+},Fe^{2+}$] という幅広い化学組成を持ちます．鉱物学を学んだこと
のある方は，端成分や中間の固溶体にいちいち名前があってうんざりした方も
多いのではないのでしょうか．

　本節の鉱物学入門では，端成分から Al を切り捨てます．そして，最も重要な
Ca-Fe-Mg 三角形の中の輝石 (図5.3参照；$[XO]_2+2SiO_2$, $X=Ca^{2+},Fe^{2+},Mg^{2+}$)
の中の頂点3種，辺 Ca-Mg，Ca-Fe の中点2種，その他4種を扱います．

　図5.3は三角ダイアグラムというもので読むのにくせがあります．各頂点が
その成分100%で，頂点から最も離れた辺はどこでもその成分が0%です．

　まず，輝石は直方輝石 (オルソパイロキシン，Opx) と単斜輝石 (クライノ
パイロキシン，Cpx) に分けられます．Mg か Fe を端成分に持ち，Ca が5%
以下の固溶体を直方輝石 (Opx) といいます．そしてそれ以外 (すなわち Ca
を5%以上含むもの) を単斜輝石 (Cpx) と呼びます．直方輝石の端成分は以
下の2成分です．

　　$Mg_2Si_2O_6$　　　　　　　頑火輝石　　　(エンスタタイト，En)

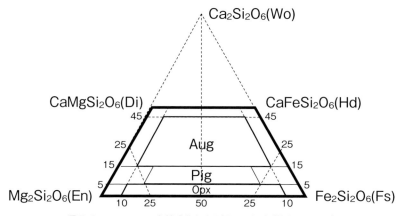

図5.3　Ca-Fe-Mg を端成分とする輝石の台形（数字は mol%）

$Fe_2Si_2O_6$　　　　　　鉄珪輝石　　　（フェロシライト，Fs）

Ca の端成分は珪灰石といいます.

$Ca_2Si_2O_6$　　　　　　珪灰石　　　（ウラストナイト，Wo）

Ca と Mg を 1/2 ずつ持つ固溶体を透輝石といいます.

$CaMgSi_2O_6$　　　　　透輝石　　　（ダイオプサイド，Di,

　　　　　　　　　　　　　　　　　　　辺 Ca-Mg の中点）

Ca と Fe を 1/2 ずつ持つ固溶体を灰鉄輝石といいます.

$CaFeSi_2O_6$　　　　　　灰鉄輝石　　（ヘデンバージャイト，Hd,

　　　　　　　　　　　　　　　　　　　辺 Ca-Fe の中点）

X が Ca-Mg-Fe 端成分の固溶体（図5.3参照）.

　　Ca 多（Ca,Mg,Fe）Si_2O_6　普通輝石　　（オージャイト，Aug, 図5.2右）

　　Ca 少（Ca,Mg,Fe）Si_2O_6　ピジョン輝石　（ピジョナイト，Pig）

珪灰石，透輝石，灰鉄輝石，普通輝石，ピジョン輝石は全て Cpx となります.

また，図で Aug（オージャイト）の成分は，Wo 成分 15 ～ 45 mol%，En 成分 10 ～ 75 mol%，Fs 成分 10 ～ 75 mol% の範囲になります.

酸素数 8 は長石類——端成分 Na-Ca の斜長石だけ

　次は，酸素数 8 の長石類です．長石は，$(Na,K,Ca,Ba)Al(Si,Al)Si_2O_8$ と表されます．ここでは，地球の岩石では重要であった K は捨てさり，端成分が

- $NaAlSi_3O_8 = (NaAlSi)O_4 + 2SiO_2$　（曹長石，アルバイト，Ab）
- $CaAl_2Si_2O_8 = (CaAl_2)O_4 + 2SiO_2$　（灰長石，アノーサイト，An）

の 2 種だけを覚えれば十分です．これら二つは連続固溶体を作り，斜長石（プラジオクレース）と呼ばれます．

 酸化物鉱物の基礎——スピネル鉱物

　本節では，酸化物鉱物であるスピネル鉱物について学びます．スピネル鉱物は $([zMg + (1-z)Fe]O + [xCr_2O_3 + yAl_2O_3 + (1-x-y)FeTiO_3])$ $(0 \leq x+y,$ $z \leq 1)$ と考えるとわかりやすいです．すなわち，Mg と Fe の酸化物の固溶体が，Cr または Al または FeTi の酸化物の固溶体と 1：1 で固溶します．各端成分に名前があり，間をつなぐ固溶体にも名前があります．図 5.4 はそれらを非常に省略したものですが，これで十分です．

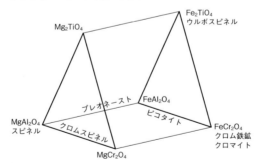

図 5.4　スピネル鉱物を示す三角柱図

5.6　ついでに岩石学の基礎も——少しだけ火山岩の分類も

　ここでついでに岩石学の基礎を一節.「火山岩」というのは, マグマが火口から出て急激に冷えて固まったものです. 火山岩の特徴は, 斑晶（フェノクリスト）と石基（グラウンドマス）からなる斑状組織（ポルフィリティック・テクスチャー）を持つことです.

　「火成岩」という言葉もあります. これは, 火山岩や, マグマが地下深部でゆっくりと冷えて固まった「深成岩」を含む, より広い言葉です.

　化学組成による火山岩の分類を図5.5に示しました. これは, 横軸に二酸化ケイ素（SiO_2）の重量%（wt%）, 縦軸にアルカリ（$Na_2O + K_2O$）の重量%（wt%）をとったものです. 重要なものは「玄武岩」（バサルト）,「安山岩」（アンデサイト）, その間の「バサルティックアンデサイト」と「デイサイト」だけです. シリカ52%以上, 57%以下がバサルティックアンデサイトです.

　右上がりの黒い実線は, アルカリ岩の境界です. この線より上側をアルカリ

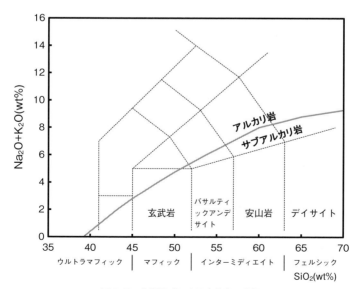

図5.5　化学組成による火山岩の分類

岩，下側をサブアルカリ岩と呼びます.

　グラフの下に書いたのは二酸化ケイ素量だけによる簡単な分類です.「ウル
トラマフィックな岩石」（超塩基性岩）,「マフィックな岩石」,「インターミディ
エイトな岩石」,「フェルシックな岩石」といった場合は，二酸化ケイ素量がそ
れぞれ 45 wt%以下，45 ～ 52 wt%，52 ～ 63 wt%，63 wt%以上を表し，よく
用いられます.

 5.7　超塩基性岩の分類——マントルの岩石の分類

　深成岩の超塩基性岩の分類を図 5.6 に示しました. 超塩基性岩を，カンラン
石（Ol），直方輝石（Opx），単斜輝石（Cpx）を頂点とする三角ダイアグラム
にプロットします.

　カンラン石（Ol）4 割以上の岩石をペリドタイトと呼びます. 主に地球のマ
ントルの岩石です. 隕石に火星や準惑星のマントルの岩石が入ることがありま
すので，これらの岩石の分類も重要です.

　ペリドタイトの分類は，カンラン石（Ol）が 9 割以上はダナイト，Cpx＜5%
（Opx が多い）がハルツバージャイト，Opx＜5%（Cpx が多い）がウェール

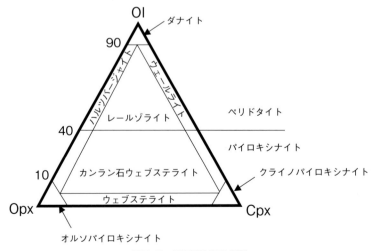

図 5.6　超塩基性岩の分類

ライト，Cpx と Opx の両方を 5% 以上含むものがレールゾライトです．

Ol が 4 割以下のものはパイロキシナイトと呼びます．Opx が 9 割以上のものをオルソパイロキシナイト，Cpx が 9 割以上のものをクライノパイロキシナイト，中間の岩石は Ol が 5% 以下をウェブステライト，Ol が 5% 以上のものをカンラン石ウェブステライトと呼びます．

 ## 5.8　そのほかの鉱物や組織——ショック変成鉱物や組織

そのほかの宇宙の岩石にみられる鉱物としては，ニッケル鉄があります．
- カマサイト　　　Ni の少ないアルファ鉄（体心立方格子構造）
- テーナイト　　　Ni の多いガンマ鉄（面心立方格子構造）

隕鉄をなすニッケル鉄がゆっくり冷却されるとカマサイトが分離してきて，ウィドマンシュテッテン構造と呼ばれる文様を作ります（図 8.3 参照）．

石英（SiO_2）の高温鉱物，トリディマイトやクリストバライト，また，隕石落下の際の高温高圧でできる鉱物のコーサイト（2 〜 3 GPa［ギガパスカル］）やスティショバイト（>10 GPa）というものもあります．

月のように，隕石の衝突が何回も起きると，それにより，破砕・混合・変成を受けた岩石が生じます．これを多種混合角レキ岩（ポリミクト角レキ岩）といいます．

また，火星隕石中には，斜長石（$NaAlSi_3O_8$）がガラス化したマスケリナイトという鉱物が見られることもあります．

さて，細かい知識は，もうきりがありません．鉱物学・岩石学の知識を深めるのは実践のみです．次章の「地球化学の基礎」も学んで楽しい「宇宙岩石」の世界に飛び出しましょう！

6

地球化学の基礎
─元素の特徴を用いた学問─

岩石を用いた学問には，5 章で学んだ鉱物学・岩石学という学問と，もう一つ，元素の物理・化学的特徴を用いる「地球化学」というものがあります．この 6 章では，「地球化学の基礎」と題して，元素の化学的性質による地球化学，希土類元素を用いた地球化学，そして，それを発展させた元素のイオン半径と価数による地球化学を学びます．最後に放射性元素を用いた「岩石年代学」を学びます．

6.1　元素の性質による地球化学──親石・親鉄・親銅元素

図 6.1 に，元素の化学的性質による分類を示しました．これは地球化学の父

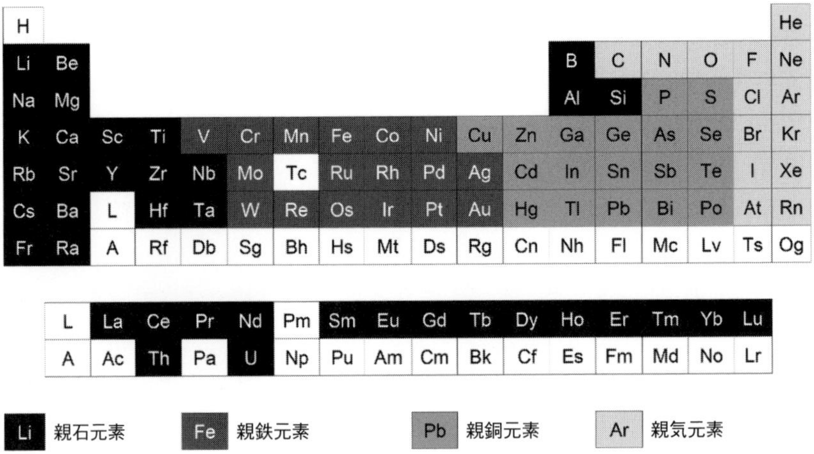

図 6.1　元素の化学的性質による分類

と呼ばれるゴールドシュミット（M. Goldschmitt, 1888-1947）が作った古典的な元素の分類法です．金属鉄（核）に入りやすい元素を「親鉄元素」，硫化物に入りやすい元素を「親銅元素」，地殻（マントル）に入りやすい元素を「親石元素」，気体の元素を「親気元素」と呼んで区別しました．親鉄元素と親銅元素の境界はあまりはっきりとはしていません．この分類は元素の性質を簡単に示すことができるため，今でもしばしば用いられています．

 ## 希土類元素による地球化学——REEパターン

次に，希土類元素（Rare Earth Element，略してREE）パターンを用いた「地球化学」を学びましょう．希土類元素は，周期表の下にくっついている2列の元素のうちの上の1列です．図6.1を見ればよくわかりますね．読み方を書いておきますと，左からランタン，セリウム，プラセオジム，ネオジム，プロメチウム（半減期が短く，天然には存在しません），サマリウム，ユーロピウム，ガドリニウム，テルビウム，ジスプロシウム，ホルミウム，エルビウム，ツリウム，イッテルビウム，ルテチウムです．

希土類元素が脚光を浴びたのは，まず超強力磁石，Sm-Co（サマリウム-コバルト）磁石やNd-Fe-B（ネオジム-鉄-ホウ素）磁石です．La-Ba-Cu-O（ランタン-バリウム-銅-酸素）系のペロブスカイト構造の銅酸化物系高温超電導体に用いられたりもしました．最近では，中国の希土類元素の禁輸などで，皆様もきっといろいろなところで目にしていると思います．

希土類元素はすべて親石元素で，「不適合元素」（インコンパティブル・エレメント；次の6.3節を参照）です．すべて3価（例外的にセリウムが4価，ユーロピウムが2価をとりうる）で，イオン半径がランタンからルテチウムにかけて規則的に小さくなっていきます．

隕石などの試料中の希土類元素の濃度を，横軸に原子番号順に希土類元素を並べ，縦軸に各々の希土類元素の（濃度$_{試料}$/濃度$_{CIコンドライト}$）（これをCIコンドライトで「規格化する」といいます）の対数をとってプロットすると，きれいな直線や曲線の組み合わせになります（これを増田-コリエルプロット，今では希土パターン，REEパターンということが多い；図6.2参照；データは

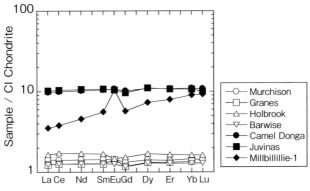

図 6.2　隕石の REE パターン

マーチソン隕石（Murchison, CM2），グラネス隕石（Granes, L6），ホ
ルブルック隕石（Holbrook, L6），バーワイズ隕石（Barwise, H5）はコ
ンドライト．キャメル・ドンガ隕石（Camel Donga），ジュビナス隕石
（Juvinas），ミルビリリー隕石（Millbillillie-1）はユークライト．〈なお，
英文名のあとのアルファベットと数字や，ユークライトについては 8.1
節参照のこと．〉

牧嶋と増田（Makishima and Masuda, 1993）による）.

　REE パターンは，岩石がコンドライトならば値が 1 近くで，でこぼこがほ
とんどない平坦な形を示します．また，コンドライトが溶融してできた玄武岩
ならば左上がりのパターンを，逆に溶融物（メルト）が抜けた N-MORB（代
表的な N-type 中央海嶺玄武岩）ならば左下がりのパターンを示します．

　また，還元的環境（酸素が少ない環境）で斜長石が多い岩石は，ユーロピウ
ムが 2 価になって斜長石に入るために，Eu だけが凸のパターン（「正のユーロ
ピウム異常」といいます）を示します．一方，還元的環境で斜長石が失われた
場合に残ったメルトはユーロピウムが凹のパターン（「負のユーロピウム異常」
といいます）を示します．また，表面の海水のように酸化的環境（酸素が多い
環境）ではセリウムが水に溶けにくい 4 価となって凹のパターン（「負のセリ
ウム異常」といいます）を示します．

6.3　不適合元素規格化パターン——微量元素パターン

　親石元素の中でも「造岩鉱物」に入りやすい元素をコンパティブル・エレメ

ント，造岩鉱物に入りにくい元素を不適合元素（インコンパティブル・エレメント）と呼んでいます．「造岩鉱物」というのは，普通，海洋玄武岩（MORB）を溶融によって出す，ペリドタイトを構成するカンラン石と輝石（Opx＋Cpx）などのことです．マントル（ペリドタイト）が一部だけ溶融した場合，造岩鉱物への入りにくさ，または，メルト（ここでは溶融した岩石をメルトと呼ぶ）への入りやすさを定義することができます．これを「インコンパティビリティ」といいます．そして，逆にメルトに入りにくい（コンパティブルな）元素ほど，造岩鉱物には入りやすくなります．

これを希土類元素だけでなく，多くの親石微量元素に拡張して，メルトに不適合な元素の順番に並べて横軸とし，縦軸に，CIコンドライト中の微量元素濃度で規格化したり，「始原的マントル[*7]」（Primitive Mantle, PM）中の微量元素濃度で規格化したり，N-MORB（代表的なN-typeの中央海嶺玄武岩）中の微量元素濃度で規格化したりして，それらの対数をプロットします．これらはそれぞれ，CIコンドライト-規格化，PM-規格化，N-MORB規格化-微量元素パターンといわれます．

普通，横軸は左から順に，Cs, Rb, Ba, Th, U, Nb, Ta, B, La, Ce, Pb, Pr, Sr, Nd, Sm, Zr, Hf, Eu, Gd, Tb, Dy, Li, Ho, Y, Er, Tm, Yb, Lu をプロットします．測定できなかった元素がある場合には空欄を作らずに詰めていきます．パターンの中で「元素○○に正の異常が見られます」と書いてあっても，前後の元素によってパターンの異常が変わるので注意が必要です．

NbとB，CeとPbとSr，DyとLiなどはメルトへの分配係数[*8]はほぼ同じでも，熱水に対する挙動が全く異なるので，メルトに対する熱水の関与を議論するうえで，非常に便利なトレーサーとなります．

[*7] 地球がCIコンドライトからできたと仮定して，金属核の分を引いた，仮想的な始原マントル；これは3.3節に出てきた「全ケイ酸地球」（BSE）と同じです．

[*8] 分配係数（K_d）は，ある元素のメルト中の濃度をC_M，共存する固相中の濃度をC_Sとしたとき，$K_d = C_S / C_M$ で定義される．K_dが小さいほどメルトには入りにくく，固相に入りやすい．

6.4   アイソクロン年代測定法——年代測定法（その1）

  年代測定法には3通りあるといってよいでしょう．一つ目はまだ消滅していない放射性核種を用いる方法，二つ目は消滅した核種を用いる方法です．この二つはほぼ同じ原理なので，本節で説明します．一つ目の中には，ウラン-鉛法による方法があり，その中にはジルコン1粒だけで年代を決定できる方法があります．ここでは，これを第三の方法として別に次節（6.5節）で説明することにします．

  年代測定法に用いられる放射性親核種を表6.1に示しました．なじみのある元素，あまりなじみのない元素があるかもしれません．よく用いられるルビジウム-ストロンチウム（Rb-Sr）法を例にとりますと，次式が成立します．

$$(^{87}Sr/^{86}Sr)_P = (^{87}Sr/^{86}Sr)_0 + (^{87}Rb/^{86}Sr)_P(e^{\lambda T} - 1) \qquad (6.1)$$

ここで，Tは年代，λは壊変定数，Pは現在の値，0は年代Tでの値を示します．^{86}Srは安定同位体で，表6.1では分母の同位体と表してあります．

  ここで，鉱物学的に同時刻に同じメルトから形成されたと考えられる鉱物を集め，$^{87}Rb/^{86}Sr$比と$^{87}Sr/^{86}Sr$比を測定し，図6.3でA_1，A_2，A_3とプロットされたとします．同じメルトから同時刻に形成されたならば時間0（T=0）では同位体比は同じです．そして，時間が経過するにつれて，^{87}Rbが一つ壊変するごとに^{87}Srが一つ生じていきます．結果的に数億年後には図のように直線状にA_1, A_2, A_3が並びます．この直線を「アイソクロン」（等時線）と呼び，この傾きから年代を求めることができます．

表6.1 放射性親核種・壊変の種類・娘核種・壊変定数・分母の同位体

親核種	壊変の種類	娘核種	壊変定数（y^{-1}）	分母の同位体
^{40}K	EC	^{40}Ar	5.81×10^{-11}	^{38}Ar
^{87}Rb	β^-	^{87}Sr	1.42×10^{-11}	^{86}Sr
^{147}Sm	α	^{143}Nd	6.54×10^{-12}	^{144}Nd
^{176}Lu	β^-	^{176}Hf	1.867×10^{-11}	^{177}Hf
^{187}Re	β^-	^{187}Os	1.666×10^{-11}	^{188}Os
^{235}U	$7\alpha + 4\beta^-$	^{207}Pb	9.85×10^{-10}	^{204}Pb
^{238}U	$8\alpha + 6\beta^-$	^{206}Pb	1.55×10^{-10}	^{204}Pb

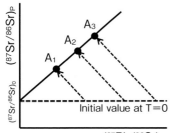

図 6.3 ルビジウム-ストロンチウム法のアイソクロン

　この年代測定法を「アイソクロン法」と呼び，正確さの高い年代を得ることができます．欠点は同時にできた鉱物が 2 種しかない場合は年代値の誤差が評価できないこと，すべての鉱物が似た親核種と娘核種の比を持つ場合は年代が求められないことです．

　消滅核種を用いる年代測定法は，半減期が短い放射性核種（「消滅核種」といいます）を用います．表 6.2 に年代測定法に用いられる消滅核種を示しました．この方法は，あるきまった時点から（たとえば太陽系生成 45.6 億年前から），何十万年後にイベントが起きたかを決定する方法です．方法は前述のアイソクロン法と基本的に同じです．

 ジルコン U-Pb 年代測定法――年代測定法（その 2）

　ジルコンは $ZrSiO_4$ という化学組成を持つ，非常に安定な鉱物です．ジルコンは形成時，親核種であるウランやトリウムが数百〜数千 ppm 含まれる一方，

表 6.2　消滅核種の，親核種・壊変の種類・娘核種・横軸の比・半減期

親核種	壊変の種類	娘核種	横軸の比	半減期（百万年）
^{26}Al	β^-	^{26}Mg	$^{27}Al/^{24}Mg$	0.7
^{60}Fe	$2\beta^-$	^{60}Ni	$^{56}Fe/^{58}Ni$	1.5
^{53}Mn	β^-	^{53}Cr	$^{55}Mn/^{52}Cr$	3.7
^{107}Pd	β^-	^{107}Ag	$^{108}Pd/^{109}Ag$	6.5
^{182}Hf	$2\beta^-$	^{182}W	$^{180}Hf/^{184}W$	9.0
^{129}I	β^-	^{129}Xe	$^{127}I/^{132}Xe$	16
^{146}Sm	α	^{142}Nd	$^{144}Sm/^{144}Nd$	103

娘核種である鉛はほとんど含まれません．ウランには 238 と 235 という二つの
放射性同位体があるために，次の式が成り立ちます．

$$({}^{206}\text{Pb}^*/{}^{238}\text{U})_P = ({}^{207}\text{Pb}^*/{}^{235}\text{U})_P \times (e^{T\lambda 8} - 1)/(e^{T\lambda 5} - 1) \qquad (6.2)$$

ここで＊は放射壊変だけでできた鉛という意味，λ8 と λ5 は ${}^{238}\text{U}$ と ${}^{235}\text{U}$ の壊
変定数です．$({}^{207}\text{Pb}^*/{}^{235}\text{U})_P$ を横軸，$({}^{206}\text{Pb}^*/{}^{238}\text{U})_P$ を縦軸にしてプロットする
と，図 6.4 のようになります．これをコンコーディア図と呼びます．たとえば，
3.5 Ga（35 億年）前にできたジルコンは，図の 3.5 Ga というところにプロッ
トされます．点線は 1 Ga（10 億年前）にジルコンが変成作用を受けた場合を
意味します．その変成作用で，完全に鉛が抜ければ 1 Ga，全く抜けなければ
3.5 Ga，中途半端に鉛が抜けた場合にはこの二つの点を結んだ点線上にプロッ
トされます．この直線をディスコーディアと呼びます．コンコーディア図では
これら二つの年代情報が同時に得られます．

　さらにジルコン U–Pb 法の特色は，一つのジルコンで年代が出るということ
です．昔は湿式化学分析でジルコン 1 粒（幅数百 μm×長さはその 3 倍程度）
を一つ一つ分解していましたが，今日では，高分解能型 2 次イオン質量分析計
で 1 日に四つ程度，紫外線レーザー＋四重極型 ICP 質量分析計を用いれば軽
く 1 日で 40 個は分析できます．そのため，数 kg の岩石からいかに効率的に
程度のよいジルコンを集めるか，が研究の勝敗を分けます．隕石の場合，数
kg 使うわけにはいかないので，薄片か厚片からジルコンを探して，年代を測
定する方法が一番効率的で，無駄が少ない方法になります．

　また，気をつけなければいけないのがジルコン同士の汚染です．ジルコンを

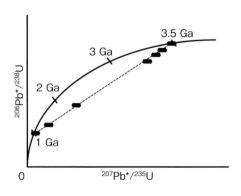

図 6.4　コンコーディア図
1 Ga は 10 億年前を意味します．

分離する実験スペースに，前に作業した岩石のジルコンが少しでも残っていると，ジルコンが混合してしまいます．ジルコンの比重は6と重いため，どこに残るかわかりません．作業ごとに実験スペースを念入りに掃除しないと，ジルコンが汚染して，誤った「大発見」をすることになりかねません．

　図6.5は実際のジルコンの写真です．ジルコンには中心核と呼ばれるより古い核があることが多く，核と周りの成長した部分を分けて年代測定することは正確さの高い年代測定をするうえで極めて重要です．年代測定後に，一つ一つ，中心核の影響を受けていないか，または，きちんと中心を狙えたかを，走査型電子顕微鏡（SEM）を用いて判断することも重要となります．

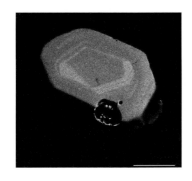

図6.5　ジルコンを樹脂に埋めて磨き，紫外線レーザー
　　　　で年代測定した後，走査型電子顕微鏡で撮影し
　　　　た写真

反射電子（BSE）像．右下のスケールは 50 μm です．
ジルコン右下の大きな穴がレーザーの跡．ジルコンの成
長の際にできた結晶成長の跡が図には見てとれます．レ
ーザーは中心核の影響を受けていないところを分析した
ことがわかります．

宇宙をめぐる
岩石たち

隕石と小惑星

Part **3**

▼〔**写真**〕この写真は NASA の ANSMET（南極隕石探索計画）チームが 2014-2015 年に，南極隕石の回収作業をしている写真です．発見された隕石は，GPS で場所を記録し，人間による汚染を極力避けるために風下から接近し，有機物分析や地球外生命体の発見に適するように殺菌された道具を使い，テフロンの袋に入れられて，回収されます．テフロンは化学的に最も安定なプラスチックで，ガスも通しにくいので用いられます．南極に落下した隕石は氷に包まれ，氷の流れに乗って綺麗な状態を保ったまま雪上に再び現れます．
[NASA. https://www.nasa.gov/sites/default/files/thumbnails/image/picture1.jpg]

7

隕石
―小惑星のかけら―

宇宙の岩石というのは，小惑星のかけらのことであり，隕石のことです．小惑星同士が衝突してできたかけらが数万年かけて地球に落下したものが隕石です．大きすぎれば人類を滅亡させたかもしれませんし，小さすぎれば燃え尽きて消えてしまったことでしょう．その際どいサイズで無事地上に落ちてきたものが隕石だと思うと，感慨もひとしおです．日本は世界第2の隕石保有国でもあります．本章では学問上重要な炭素質コンドライトから始めて，いろいろな隕石を紹介します．

7.1　学問上重要な隕石――炭素質コンドライト

　炭素質コンドライト（この中に CI コンドライトも含まれます）は，宇宙空間での集積から 200℃ を越えたことがなく，そのために水や有機物といった気化しやすい成分を大量に含んでいます．そのため，生命の起源物質を含んでいるとか，太陽系の歴史の中で太陽系ガス雲から最初に形成された固体物質をそのままの形で含んでいるとか，始原的な隕石である，とかいわれます．現在進行中のはやぶさ 2 によるサンプルリターン（15 章参照）や，オシリス・レックス（現在進行中のアメリカによるサンプルリターン，16 章参照）では，この炭素質コンドライトの母天体（もととなった天体）からの試料回収を目指しています．

　ここでは，炭素質コンドライトの中の，CI1，CM2，CV3，C2 型の隕石で，学問上特に重要な隕石を四つ取り上げて紹介します．（アルファベットは隕石の種類を示し，数字は変成度を示します．数字は 1 から 7 まであり，1 が最も

変成度が低いことを示します.）学問上重要というのは，大量に地上に降り注いだおかげで多くの研究者の手に渡り，多くの研究がなされた結果です．少量のかけらだけでは一部の研究者による限られた研究を行うことしかできません．

　また，炭素質コンドライトは，その重要性から非常に高価な隕石として取引されています．しかしながら，これらの隕石は，今日では隕石マーケット（8.3節参照）に現れることも少なくなり，入手も困難になってしまいました．

7.1.1　オルゲイユ隕石（CII）

　オルゲイユ隕石，もとの名は Orgueil，語尾の il をユと読むところを見るとフランス産か？ その名の通り，1864 年に全部で約 20 個の破片（最大の破片は約 14 kg）が南フランスに落下しました（図 7.1 参照）．

　この隕石は，揮発性元素以外の元素組成が太陽の元素組成と一致しているために，太陽系の元素組成を代表するものと考えられています．たくさんの破片があったために当時は多くの研究者の手に渡り，最も研究された隕石の一つとなりました．しかし，今日では入手困難で，これまでにこの隕石に関連した論文は思いのほか少なく，292 件しか出されていません（2020 年 3 月現在）．

図 7.1　オルゲイユ隕石
フランス国立自然史博物館所蔵．げんこつ大くらいの大きさ．[Eunostos. https://upload.wikimedia.org/wikipedia/commons/thumb/c/c7/M%C3%A9t%C3%A9orite_Orgueil%2C_exposition_M%C3%A9t%C3%A9orites%2C_Mus%C3%A9um_national_d%27histoire_naturelle_de_Paris.jpg/1024px-%C3%A9t%C3%A9orite_Orgueil%2C_exposition_M%C3%A9t%C3%A9orites%2C_Mus%C3%A9um_national_d%27histoire_naturelle_de_Paris.jpg]

7.1.2　マーチソン隕石（CM2）

　マーチソン（Murchison）隕石は 1969 年，オーストラリアに落下しました．
全部で 100 kg といわれています．12% もの水を含んでいます．隕石は独特の
有機化合物の匂いを持ち，グリシン，アラニン，グルタミン酸といった必須ア
ミノ酸が発見されました．割れた面の拡大図を図 7.2 上に示しました．

　これまでにこの隕石に関連した論文が 1452 件出されています（2020 年 3 月
現在）．

　さて，ほとんどのアミノ酸は L 体と D 体という 2 種類の光学異性体（右手と
左手は同じ形をしていますが重なりません．このような物質同士を「光学異性
体」と呼びます．図 7.3 参照．）を持ちます．地球上のすべての生物は L 体の

図 7.2　（上）マーチソン隕石の破片の表面
横幅約 1cm.　[United States Department of Energy; uploaded en
wikipedia by en:User:Carl Henderson. http://www.anl.gov/Media_
Center/Image_Library/images/fermi-dust.jpg]

（下）マーチソン隕石から取り出した SiC からなるプレソーラーグ
レイン
[Argonne National Laborator/Department of Energy, w:en:User:Carl
Henderson https://upload.wikimedia.org/wikipedia/commons/f/ff/
Murchison-meteorite-stardust.jpg]

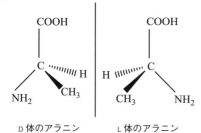

図 7.3　光学異性体
（左）D 体のアラニン．（右）L 体のアラニン．化学式
は同一でも，互いに重ねることはできません．このよ
うな関係の物質を光学異性体といいます．

アミノ酸からなります．ラセミ体というのはL体とD体が1:1で混合したもので，地球上の汚染とは考えられません．一方，L体の過剰は，地球上での汚染なのか，隕石本来のものなのか判断がつきません．

マーチソン隕石の初期の分析では，アラニンはラセミ体といわれていましたが，後のアラニンの分析ではL体が多く含まれ地球上での汚染が疑われました．しかし，最近の研究では隕石本来の性質と考えられています．

また，マーチソン隕石の，耐酸性残渣の中からは，1 μm 程度の炭化ケイ素（SiC）の微粒子が数多く発見されました（図7.2下）．これらの炭素，ケイ素の同位体比をイオンプローブ（試料に数十μm の酸素ビームをぶつけてイオン化し，出てきたケイ素や炭素のイオンを質量分析して，同位体比を測定する質量分析装置）で測定すると，太陽系，すなわち地球や，隕石の他の大部分とは全く異なる同位体比が測定されました．これは，太陽系成立前の微粒子（プレソーラーグレイン；presolar grain）と呼ばれました．

この微粒子は，質量 $1.5 \sim 3 M_\odot$（$1 M_\odot$は "mass of the sun"，太陽の質量を意味します）の，炭素が多い AGB 星（1.3節参照）に由来し，太陽系の大部分を占める太陽系ネビュラの成分に，少量のこのようなプレソーラー成分が加わったことを意味しました．この発見には日本人の，現ワシントン大学セントルイス校教授の甘利幸子氏が大きな貢献をしました．

7.1.3 アエンデ隕石（CV3）

アエンデは Allende と書き，スペイン語では ll が一つの音素で，イェと発音したり，舌足らずのジェと発音する地方もあることから，アエンデとかアジェンデと記載されたりします．ll を知らずにアレンデと記載される場合もあります．その名の通り，メキシコに 1969 年，隕石雨として落下し，約 3 t が回収されました．当時貴重であった炭素質コンドライトが大量に入手されたことから，最も研究された隕石の一つです．隕石研究者なら一つはかけらを持っているのではないでしょうか．これまでにこの隕石に関連した論文が 1172 件も出されています（2020 年 3 月現在）．

この隕石は図 7.4 に示したように，コンドリュールと，白い不定形の CAI（Calcium-Alminium-rich Inclusion；カルシウムとアルミニウムに富む包有物，

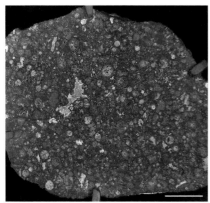

1 cm

図7.4　アエンデ隕石の断面写真
[Basilicofresco. https://upload.wikimedia.org/
wikipedia/commons/2/24/Allende_meteorite.jpg]

中央より若干左の，縦に大きな白い塊）と，その間を埋め尽くす灰色のマトリックスからなります．

　このCAIはアエンデ隕石の特徴で，太陽系ネビュラが冷えていく段階で，最初にできた固体物質であると考えられています．CAIからは太陽系物質（要するに隕石）の中で最も古い，45.66億年という年代が得られています．CAIは特異な酸素同位体比を持ち，これは，太陽系が冷却し始めた，初期の太陽系星雲が不均質で，別の成分が混合したことを意味しています．

　また，CAIの中にはFUN包有物というものが発見されBaやSmなどの同位体比異常が発見されましたが，その後，FUN包有物は発見されず，この研究は途絶えてしまいました．

　アエンデ隕石の耐酸性残渣にも，5 μmくらいの炭化ケイ素や，特殊なXe同位体比を持つマイクロダイアモンド（<1 μm）が含まれています．

7.1.4　タギシュ・レイク隕石（C2）

　タギシュ・レイク（Tagish Lake）隕石は，2000年の冬，上空で爆発後，カナダのタギシュ湖付近に落下しました（隕石の割れた面を図7.5に示しました）．落下後，一部は汚染が少ない方法で回収され，冷凍された状態のまま研究機関に運ばれました．これらは「無垢の破片」と呼ばれ，無垢の破片は850 gにもなりました．一方，残りは雪解けを待って捜索が行われ，氷中，あ

図7.5 タギシュ・レイク隕石
左の立方体は一辺1cm. 内部（左側）に見える白色や灰色の粒はコンドリュール. 右側は地球突入の際に隕石が溶けてできた溶融体（フュージョン・クラスト）. [Mike Zolensky/NASA/JSC. https://upload.wikimedia.org/wikipedia/commons/1/17/Tagish_Lake_meteorite.jpg]

るいは水たまりの中から，全部で10kg程度回収されました．

　この隕石は化学的分類では炭素質コンドライトのCIにもCMにもあてはまらず，Cとして分類されています．有機物も含まれ，変成度も2と低く，さらに素手による汚染も非常に少ない状態で，学問上は非常に貴重で有意義な隕石です．しかし，残念ながら，貴重なことがあだとなって，入手することが困難になり（特に無垢の破片），この隕石に関連した論文はマーチソン隕石や，アエンデ隕石よりも1桁少ない，248件しか出されていません（2020年3月現在）．

　このように，入手が困難であるということが，隕石研究を阻害するという一つのよい見本であるといえます．

 7.2　南極隕石——日本は世界で2番目の隕石保有国

　1969年12月，日本の第10次南極観測隊は，南極・昭和基地の内陸部に位置するやまと山脈の裸氷帯から偶然9個の隕石を発見しました．その後，14次隊が12個，15次隊が663個発見し，16次隊からは隕石収集が南極観測隊の正式なプロジェクトとなりました．かくして日本は2010年には約48000個もの南極隕石を手にすることになり，アメリカに次ぐ隕石保有国となりました．

　この採集には，かなりな危険が伴い，特に南極隕石採集に貢献した隊員の矢内桂三氏は，何も現場がわからない官僚主義を相手に，命がけで採集したとおっしゃっており，南極隕石は関係者の血と汗の賜物です．

　さらに，切断・岩石薄片作成・顕微鏡観察・分類を1人が5個を5日でしても，年200日働いて1年で200個しか処理できません．10人がかりでも1年

で 2000 個，48000 個となると 24 年必要です．実際はもっと効率が悪いはずで
あり，カタログを作るだけでも途方もないプロジェクトとなります．2019 年
現在，南極隕石ラボラトリーのホームページ（http://yamato.nipr.ac.jp）に
よると，9000 個が分類済みということですが，これもまた関係者の努力の賜
物です．

　なぜこのように南極隕石が密集して発見されるのかというと，広い大陸に落
下した隕石は雪に包まれ，やがて沈んで氷に包まれます．南極大陸の氷には流
れがあり，氷の流れは一度沈んだ後，やまと山脈にぶつかって上昇し，氷が削
れたり昇華したりして，隕石が氷の上に「ぽつんと」現れるというわけです．
そのため，南極隕石は地表や人為的な汚染が少ないという特徴を持ち，学問上
重要なものとなっています．

 HED 隕石——小惑星 4 ベスタのかけら

　隕石の研究が進むにつれ，エイコンドライトの中で，ホワルダイト，ユーク
ライト（図 7.6），ダイオジェナイト（頭文字をとって HED 隕石と呼ばれる；8.1
節参照）という，分化した母天体上の火成活動を受けている隕石のグループが
発見されました．これらは小惑星 4 ベスタの地殻由来と考えられています．（小
惑星には番号がつけられています．ベスタは 4 なので，4 ベスタと呼ばれてい
ます．小惑星番号については 9.2 節参照.）結晶化年代は 44.3 ～ 45.5 億年と，
炭素質コンドライトよりも若干若い年代を示します．

図 7.6　ユークライト
（左）キャメル・ドンガ隕石，（右）ミルビリリー隕石．定規は mm.

　これらの成因は，まず，ベスタへの衝突により，直径10 km以下の小さな
V型小惑星が形成されます．ベスタの南半球には多くの衝突クレーターがあり，
ここで衝突が起きたと考えられています．これらの小惑星はベスタ族となりま
した．ベスタ族の小惑星は，木星からの強い摂動[*9] を受けて，約1億年では
じき飛ばされます．このような天体のいくつかが地球近傍小惑星となります．
これらがさらに衝突を起こして岩サイズになって隕石として放出され，そのう
ちのいくつかが地球に落下し，HED隕石になったと考えられています．宇宙
線曝露年代から，地球に衝突するまでに600〜7300万年の間，宇宙を漂って
いたと考えられています．

 ## 7.4　火星隕石——火星起源の隕石

　火星隕石と呼ばれる隕石があります．1984年に，ボガード（D.D. Bogard）
らはシャーゴッタイトに含まれる希ガスの存在比率が，1970年代にバイキン
グ計画で得られた火星の大気の組成に似ていることを発見し，SNC隕石
（シャーゴッタイト，ナクライト，シャシナイト）と呼ばれる一群のエイコン
ドライト（8.1節参照）は火星起源であるという結論を出しました．なお，終
章では火星隕石，ALH 84001（図7.7）の中に生物の化石を発見したかもしれ
ないという問題を扱います．

図7.7　ALH 84001隕石
右下の立方体の一辺は1 cm．［NASA-JSC.
https://upload.wikimedia.org/wikipedia/
commons/c/c4/ALH84001.jpg］

[*9]　"perturbation"の和訳．力学系においてある天体の運動が，他の天体から受ける引力によって乱
　　されることを指します．

7.5　月起源の隕石——月の石も手に入る

　隕石の中には月起源の隕石と呼ばれるものも発見されました．南極隕石の
ALH 81005（図7.8）や，Yamato 791197 は月起源の隕石といわれています．
これらは，今までの隕石とは全く異なり，アポロ計画で採取された月の石に，
鉱物学的に近い組成を持っていたためです．

図 7.8　月隕石，ALH 81005
大きさは不明. 希ガスの測定からは2000万年より新しく，
大半は 10 万年以内に放出され，地球に落下したと考えら
れています．[NASA. https://upload.wikimedia.org/wikipedia/
commons/b/bf/Allan_Hills_81005%2C_lunar_meteorite.jpg]

7.6　水星起源の隕石——水星のマントル？

　図7.9 に示したのは，NWA（Northwest Africa）7325 という隕石です．エ
イコンドライトに属する石質隕石です（隕石の分類は 8.1 節参照）．ファイア
ライト（Fa）2.7 〜 6.0 mol%，フェロシライト（Fs）2.6 mol%，ウラストナ
イト（Wo）44.5 mol% で，史上初の水星の隕石といわれています．特徴は，
クロムを Cr_2O_3 で 1.0% 含むダイオプサイド（Di）を含むため，一部が濃い緑
色となっていることです．カルシウムやマグネシウムをウラストナイト中に多
く含むにもかかわらず，鉄がファイアライトとフェロシライト中に含まれるだ
けであまり含まれていません．これらはメッセンジャー探査機が観測した水星
表面の元素組成の特徴と一致します．エンスタタイト（En）がやや豊富で，
カルシウムが多すぎますが，地殻深くに由来する（マントル由来）とすれば説
明できます．微量元素も少なく（セリウム 0.34 ppm，ユーロピウム 0.58 ppm，
ハフニウム 0.44 ppm，トリウム 0.27 ppm），これもマントル由来であること

図 7.9 NWA 7325
エイコンドライトに属する石質隕石. 比較の
立方体は一辺 1 cm. 総回収量 345 g.〔Stefan
Ralew. https://upload.wikimedia.org/wikipedia/
commons/thumb/7/75/Northwest_Africa_7325.
JPG/800px-Northwest_Africa_7325.JPG〕

と矛盾しません. なお各鉱物名の詳しい説明は 5 章の「鉱物学の基礎」を参照
してください.

　鉱物名が少し専門的ですが, ここではさらりと読み流すもよし, 一語一語じっ
くりと考えるもよし, 本書を読み終わるころには「そうだったのか!」と理解
してもらうことが著者の願いです. あせらず, あきらめずに頑張ってください.

8

隕石の分類・隕石よもやま話
—隕石投資で一儲け!?—

本章の前半は真面目に,隕石の分類についての話をします.宇宙の岩石は,まずは分類学からです.後半は,隕石よもやま話と称して,隕石のお値段・隕石ハンター・隕石投資について,少し雑談をします.

8.1 隕石の分類と成因——小惑星のかけら

まず,隕石の定義です.宇宙空間に存在した固体物質が地球,あるいは惑星表面に落下して,大気を通過中の高熱などで蒸発せず,残ったものが隕石です.この定義では,火星に落下した岩石は隕石ですが,月に落下したものや小惑星上に落下したものは隕石にはなりません.月や小惑星は惑星ではないからです.

しかしながら,今後宇宙探査技術が進歩して,月や木星の衛星に着陸して,クレーターの中から岩石を掘り出すことができたとしたら,それも隕石になることでしょう.今のところ,そういう心配はないので,この定義で十分です.

では,隕石の分類について学びましょう.また,この節は後で索引として活用してください.

表8.1に主な隕石の分類を示しました.隕石はまずは組成で分類します.主にニッケル鉄からなるものを鉄隕石(隕鉄)と呼びます.ニッケルの含有量の少ない順に,ヘキサヘドライト,オクタヘドライト,アタキサイトに分類されます.さらに,ガリウム,ゲルマニウム,イリジウムといった微量元素によって,I, II, III, IVとA, B, C, D, E, Fを組み合わせたグループに分けられます.

表 8.1 隕石の分類

鉄隕石	ヘキサヘドライト 　IIA	
	オクタヘドライト 　IIB, IAB, IIIE, IID, IIIAB, IIIC, IVA, IIID, IIC	
	アタキサイト 　IVB	
	ニッケル量にかかわらず 　IC, IIE, IIIF	
石鉄隕石		
石質隕石	エイコンドライト	原始的エイコンドライト 　アカプルコタイト，ロドラナイト，ユレイライトなど
		小惑星エイコンドライト 　HED 隕石，アングライト，オーブライトなど
		月起源隕石
		火星隕石 　SNC 隕石
	コンドライト （熱変成度により 1 〜 7 の 番号がつく）	エンスタタイトコンドライト 　EL, EH
		普通コンドライト 　H, L, LL
		炭素質コンドライト 　CI, CM, CV, CR, CO, CK, CB, CH, C

　金属鉄とケイ酸塩鉱物（主にカンラン石 $[(Mg_xFe_{(1-x)})_2O_2SiO_2]$，詳しくは第 5 章参照）が半々からなるものを石鉄隕石（図 8.1 参照）と呼びます．石鉄隕石は珍しく，見た目もスライスするときれいなので高価です．ほとんどがケイ酸塩鉱物からなるものを石質隕石と呼びます．

　石質隕石はさらに，コンドライトとエイコンドライトに分類されます．コン

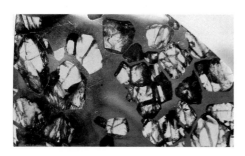

図 8.1 石鉄隕石（エスケル隕石）
幅約 6 cm. 明るい結晶部分はオリビンで，周りの不透明部分はニッケル鉄．[Flickr. https://upload.wikimedia.org/wikipedia/commons/0/00/Esquel.jpg]

ドライトというのは，球粒状の構造（コンドリュール）が見られるものを指し，コンドリュールが見られないものがエイコンドライトです．

　母天体（小惑星）がある程度大きいと，重力エネルギーの解放により，自ら溶融し，金属核と，その周りにマントル，最上部に地殻が形成されると考えられています．鉄隕石はその金属核，石鉄隕石は金属核とマントルの中間層，エイコンドライトはマントルか地殻であったと考えられます．

　エイコンドライトは原始的エイコンドライトと，小惑星エイコンドライト，月起源隕石，火星隕石などに分類されます．原始的エイコンドライトにはアカプルコタイト，ロドラナイト，ユレイライトなどが含まれます．小惑星エイコンドライトには，HED 隕石（小惑星ベスタ起源の隕石，ホワルダイト，ユークライト，ダイオジェナイト），アングライト，オーブライトなどが含まれます．火星隕石にはシャーゴッタイト，ナクライト，シャシナイト（頭文字を合わせて SNC 隕石と呼ばれます），ALH 84001（図7.7，終章で詳述）があります．

　コンドライトは，化学組成によって，エンスタタイトコンドライト，普通コンドライト，炭素質コンドライトに分類されます．前二者はコンドライトの母天体が集積後，溶融はしないが熱変成を受けたもの，炭素質コンドライトは集積後ほとんど熱変成を受けなかったものと考えられています．

　エンスタタイトコンドライトは鉄の含有量で EH，EL に分類されます．これは酸素が少ない環境下で形成されたと考えられ，エンスタタイト（En，頑火輝石，$[Mg_2Si_2O_6]$）と金属鉄からなり，鉄のケイ酸塩を含みません．

　普通コンドライトは，隕石中での割合が最も多く，鉄の含有量が多い順に H，L，LL と分類されます．

　炭素質コンドライトは炭素を数％含み，最も始原的な隕石と考えられています．数は少なく，分類は CI，CM，CV，CR，CO，CK，CB，CH，C と呼ばれ，それぞれのグループで特徴的な（最初に発見されたものが多い）隕石の頭文字（順に，Ivuna，Mighei，Vigarano，Renazzo，Ornans，Karoonda，Bencubbin，High iron［例外］，［その他］）からとられています．

　また，コンドライトはさらに熱変成度によって1から7に分類されます．数字が大きいほど熱変成度が高くなり，コンドリュールの輪郭がぼやけていきます．エンスタタイトコンドライトと普通コンドライトは3〜7に，CM，CV，

CO はそれぞれ 1 〜 2, 2 〜 3.3, 3 〜 3.7 という熱変成度に分類されています. CR, CK, CB, CH は隕石が一つしか発見されていないので, 熱変成度は決まっていません.

8.2 隕石の命名法——郵便局名か南極の基地名

　隕石の命名は, 最も大きな破片が落下した地点を受け持つ郵便局の名前がつけられることになっています. 発見者名では争いが起こる場合があるからです.

　南極隕石の場合は, 発見された基地（または山脈）の名前に 2 桁の発見年, 最後の 3 桁が通し番号といった 5 桁の番号をつけて呼びます. やまと山脈なら Yamato 75105, 略して Y 75105, あすか基地周辺なら Asuka 88175, アランヒルズならば Allan Hills 84001, 略して ALH 84001 といった具合です.

8.3 隕石よもやま話——隕石のお値段・隕石ハンター・隕石投資

8.3.1 隕石のお値段

　隕石カタログ（イギリス, ロンドン自然史博物館の Catalogue of Meteorites 2000 年版）では, 95.6％が石質隕石, 3.8％が鉄隕石, 0.5％が石鉄隕石です. さらに, 石質隕石の 90％は普通コンドライト（H, L, LL コンドライト）です.

　The meteorite market（http://www.meteoritemarket.com/mmhome.html）というサイトでは, 隕石を販売しています. 炭素質コンドライトのアエンデ隕石は 1 g あたり 2500 円くらいでしたが, マーチソン隕石はすべて売り切れていました. タギシュ・レイク隕石は, 1 g あたり 7 万円くらいと非常に高価でした.

　一方, 普通コンドライトは, 普通というだけあって, 普通は高い値段はつきません. さらに, 2013 年にロシアに落下したチェリャビンスク隕石（図 8.2）は LL5 で, 全回収量も 100 kg と多く, 目新しい種類の隕石ではないにもかかわらず, 1 g あたり 2300 円くらいで売られており, 非常に割高といえます. 金が 1 g あたり 6000 円くらいですから, 普通コンドライトの値段は高くても

図8.2 チェリャビンスク隕石（LL5）の断面
チェリャビンスク隕石は，ファイアライト（Fa）27.9 ± 0.36 mol%，フェロ
シライト（Fs）22.8 ± 0.79 mol%，ウラストナイト（Wo）1.3 ± 0.26 mol%，
金属鉄 10 wt% という組成を持っていました．左断面に小さくきらきら光ってい
るのは硫化鉄と思われます．すでに母天体上で酸化が進み，右断面では，硫化鉄
の周りは赤茶けています．球形のコンドリュール組織はほとんど見えません．
[Pavel Maltsev. https://upload.wikimedia.org/wikipedia/commons/a/a1/Meteorit-
chebarkul-macro-mix2.jpg]

金の半分くらいでしょうか．おこづかいをためて，コツコツと買えないことも
ないでしょう．

　チェリャビンスク隕石のもととなった小惑星の軌道は，近日点（最も太陽に
近づくところ）を金星と地球軌道の間，遠日点（最も太陽から離れるところ）
を火星軌道の外側の小惑星帯に持つ，楕円軌道の地球横断小惑星であったと考
えられています．さらにもとの小惑星の軌道は，小惑星帯の内側の小惑星と考
えられています．このような小惑星の多くはS型小惑星（岩石型；小惑星の
分類については9.4節を参照）であり，これはこの隕石が普通コンドライトで
あることと矛盾しません．なお，地球衝突直前に楕円軌道になった理由は，小
惑星同士の衝突と考えられます．

　分析の結果，小惑星自体は太陽系の年齢と一致する約46億年前に生成され
たものですが，もっと新しい年代に融解し形成された，等方向に発達した長石
による鉱脈が存在し，3000万〜5000万年前に小惑星が何らかの衝突を起こし
た痕跡であると考えられています．

　ユークライトのキャメル・ドンガ隕石（図7.6左）は1gあたり4000円，
ミルビリリー隕石（図7.6右）は1gあたり3000円でした．

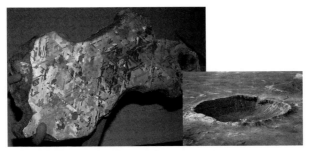

図8.3　（左）キャニオン・ディアブロ隕鉄（オクタヘドライト）と（右）バリンジャー・クレーター
キャニオン・ディアブロ隕鉄はイリノイ州シカゴの自然博物館の展示（大きさ不明）．綺麗なウィドマ
ンシュテッテン構造が見られます．隕石表面左下に見られる円形の包有物（隕石に張りついた10円
玉のように見える）はFeS-C（トロイライト–炭素）です．90％カマサイト，1～4％テーナイト，
＜8.5％のFeS-Cからなります．4万9000年前にアリゾナ州の砂漠に落下し，バリンジャー・クレ
ーターを作りました．〔（左）James St. John. https://upload.wikimedia.org/wikipedia/commons/1/1d/
Canyon_Diablo_meteorite%2C_pattern.jpg（右）U.S. Geological Survey/photo by D.Roddy https://upload.
wikimedia.org/wikipedia/commons/b/bf/Barringer_Meteor_Crater%2C_Arizona.jpg〕

　火星隕石といわれているNWA 6963-1-504は，1gあたり44800円と値段が
一気に跳ね上がります．1gでも本物かどうか心配で，買うのに勇気がいりま
すね．
　さらに，月隕石といわれているNWA 10049-1-426は，1gあたり93000円
ほどします．火星隕石よりも月隕石の方が高額なのは，なにか納得いきません
が，おそらく月隕石は地球の岩石と混ざると素人目にはわからないので，数が
少ないためだと思われます．1gでもだまされる可能性もありますから，まず
は普通コンドライト隕石を買って，様子を見てからにした方がよいと思います．
　7.6節に出てきた水星の隕石，NWA 7325は市場に出れば45万円/gといわ
れています．しかしながら，持ち主が研究者に分析の機会を平等に与えるため
に，販売や譲渡に出していないそうです．逆に分析技術を持つプロの方ならば，
一筆書けば手に入れることができるかもしれません．だめもとでチャレンジし
てもいいのではないのでしょうか．（著者も若ければ一筆書きたいところです．）
　もし，1kgの石質隕石が庭に落ちたとしたら，125万円くらいにはなるでしょ
う（あまり高くありませんね）．これが8.2節に出てきたHED隕石だとその
倍くらいにはなりそうです．手で汚染をしないようにアルミホイルでぐるぐる
まきにして保管することが大事です．水の含有量が多い炭素質隕石だとカビが

生えてきます．早めに最寄りのお金持ちに「この隕石1億円でどうでしょうか？」と売り払ってしまうのが一番です．

隕鉄の価格は比重が大きいこともあり，有名なキャニオン・ディアブロ隕鉄（図8.3参照）でさえ，1gあたり200円くらいと安価です．

8.3.2 隕石ハンター（メテオハンター）

世の中には，隕石ハンター（メテオハンター）という職業の人がいます．隕石の名前で，Dar al Gani XXX, Dhofar XXX, NWA（Northwest Africa）XXX（XXXには数字が入ります）などというのは，それぞれリビアの砂漠，オマーンの砂漠，モロッコ・アルジェリア・西サハラ・マリの砂漠で現地の人が採集し，隕石ハンターが買い取った（もしくは隕石ハンターが採集した）ものです．

これらの隕石は，砂漠に落下したために，変質・風化が少ないことを特徴としています．現在入手可能で販売されている隕石の大半は，これらの隕石でしょう．これらの名前がついていれば，本物である可能性は高いです．しかし，名前を偽ることは簡単で，油断ができません．

8.3.3 隕石投資

では，隕石は投資対象になるでしょうか？　著者はなると思っています．なるべく大きなもの，特殊なもの，新鮮なもの，そして分類がついているものは高価になります．周りのフュージョン・クラストという，大気圏突入の際にできた茶色の焦げは隕石と証明するためには重要ですが，そのぶん科学的に重要な新鮮な部分が減るので，買う際にはバランスが重要です．ただし，投資といってもどうやって売り払うかが問題になります．特別なネットワークが必要となります．または，ネットオークションで売り抜けるという手もあります．

前にも述べたように普通コンドライトは学問的価値があまりないので安くなります．ただし，非平衡コンドライトと呼ばれる，変成度が3〜4のもの（たとえば3.1とか小数点がつく）ものは学問上の価値が高く，重要で高価です．ただし，偽物がありますので注意が必要です．

このThe meteorite marketというホームページの店が信用できるかどうか，

隕石投資がうまくいくか，著者は責任持ちませんのであしからず．ただし，NWA 7184 に同僚が測定した酸素同位体比が出てくるので，この店は信用できるかもしれません（保証はしません！）．

9

小惑星の分類
―スペクトル分類法と固有軌道要素分類法―

小惑星は太陽系ダストが発達して大きくなったもので，大半は木星軌道と火星軌道の間を公転しています．これら小惑星は，ほとんどの隕石のもととなっている太陽系小天体です．したがって，小惑星について知ることは，隕石を理解するうえで非常に重要です．本章では，小惑星番号，小惑星の命名法，小惑星のスペクトルによるトーレンの分類法，小惑星のスペクトルによる SMASS 分類法，そして，固有軌道要素による分類法について説明します．

9.1 小惑星と彗星――小惑星と彗星の区別

19 世紀初頭，ウィリアム・ハーシェルは，小惑星をアステロイド（恒星のようなもの）と命名しました．その後，岩石を主成分とするものをアステロイドと呼び，「太陽系外縁天体」，「彗星」，小惑星や準惑星[*10] などを含んだ天体の総称をマイナープラネットと呼ぶようになりました．しかしながら，マイナープラネットもアステロイドも日本語ではどちらも「小惑星」と訳されるため，混同しないように注意が必要です．さらに，「小惑星番号」は「マイナープラネット番号」のことであり，アステロイドには含まれない準惑星などにも割り当てられます．

[*10] 準惑星とは，(a) 太陽の周りの軌道にあり，(b) 自身の重力が剛体力に打ち勝つのに十分な質量を持つことから静水圧平衡の状態にあると推定され，(c) 軌道上から他の天体を一掃していない天体で，(d) 衛星ではないものをいう．現在，冥王星とエリス，ケレス，マケマケ，ハウメアの5つが属している．

　なお，2006 年の国際天文学連合（IAU）総会での決議により，「小惑星」と「彗星」は共に small solar system bodies（SSSB）のカテゴリーに分類されました．そのため，2007 年の日本学術会議で，日本ではどちらも「太陽系小天体」と分類することになりました．

　小惑星と彗星とは，「コマ」と尾の有無で区別します．「コマ」とは，彗星核を取り巻くエンベロープ（星雲のようなガスやダスト）のことで，彗星核が太陽で温められてその一部が昇華した，氷やダストからなります．ダストの大きなものは彗星軌道上に残り，小さいものは太陽の放射圧で吹き飛ばされて，彗星の尾を作ります．したがって，彗星を望遠鏡で観察すると，ぼんやりとしており，小惑星と区別することができます．しかし，太陽から遠方にある場合には小惑星と彗星は区別がつきません．

　小惑星の大半は，太陽からの距離が約 2 ～ 4 AU の，木星軌道と火星軌道の間を公転しています．この領域を「小惑星帯」と呼びます．太陽系外縁部の「エッジワース・カイパーベルト」と区別するために，「メインベルト」とも呼ばれます．

　小惑星は木星の引力の影響によって，いくつかの群をなして運動しており，各群はその公転周期にしたがって分類されます．「トロヤ群」（周期約 12 年）と呼ばれる小惑星群はひときわ数が多く，これは太陽と木星の間のラグランジュ点（9.7 節参照）に位置します．また，軌道が地球付近を通過するものも存在します．

　惑星や衛星のように球形をしているのは，ケレスなどごく一部の大型の小惑星だけで，大部分は丸みを帯びた不定形です（10 章参照）．

　小惑星は，ほとんどの隕石のもととなっている小天体です．したがって，小惑星について知ることは，隕石のもとを知ることになり，隕石を理解するうえで非常に重要です．では，小惑星について学んでいきましょう．

9.2　小惑星番号と小惑星の命名法――小惑星は発見者に命名提案権

　小惑星の名前については，現在天体で唯一，発見者に命名提案権が与えられています．まず，新天体を 2 夜以上にわたって位置観測し，その観測結果がア

メリカの小惑星センター（Minor Planet Center, MPC）に報告されると，発見順に，以下の書式に従う英数字からなる仮符号が与えられます．

　仮符号は，4桁の数字（発見年），空白，アルファベット（A–Y；IとZはない），アルファベット（A–Z；Iはない），数字からなります．初めのアルファベットは，発見時期を示し，12か月をさらに月の前後半24に分けて表現しています．つまり，Aは1月前半，Yは12月後半を表しています．2番目のアルファベットは，その時期の中で何番目の発見かを表します．現代では新天体捜索の技術の進歩により，半月内に25個以上の発見が普通になってきたため，26番目以降の発見には，A_1，B_1，…と数字がつけられます．数字は（2番目のアルファベットの出現回数−1）を意味します．ただし0は書きません．

　たとえば，太陽系外縁部で発見された天体90377セドナには2003 VB_{12}というう仮符号がつけられていました．最後の数字はBが13回現われたという意味ですね．1回目はBで2，そのあとBが12回出現しているので，$2+25×12=302$回，つまりこれは2003年の11月前半の302番目に発見の小惑星ということになります．

　仮符号をつけられた天体は，既知の天体の軌道と同一でないかのチェックが行われ，軌道が確定して新天体だと確認されると，「小惑星番号」が与えられたうえで，発見者の提案により命名されます．なお名前にもさまざまな制約があります．

9.3　小惑星の反射スペクトルとは？——赤外線反射スペクトル

　小惑星の分類には「スペクトルによる分類」という言葉が何回も出てきます．このスペクトルというのは，小惑星の，赤外線の反射スペクトルのことです．1970年代には，天体望遠鏡の進歩によって，小惑星の赤外線領域の反射スペクトルを得ることができるようになりました．

　図9.1aには典型的な造岩鉱物の赤外線スペクトル反射率を，図9.1bには実際の隕石・隕鉄・小惑星の赤外線スペクトル反射率を示しました．このような，小惑星の赤外線スペクトル反射率を用いて，小惑星の組成を知る試みは，1970年代には，マコード（T.B. McCord）やチャップマン（C.R. Chapman）らに

よってすでに行われていました．

　しかし，実際はスペクトル反射率と鉱物組成は，なかなか直接には結びつきませんでした．これは宇宙風化作用によって，小惑星表面の鉱物が変化するためでした．この宇宙風化作用を実験的に再現することは困難でした．この解決に貢献したのが現大阪大学教授の佐々木 晶 氏です．彼が東大の助教授（今の准教授に相当）時代に，レーザーを使って宇宙風化作用をシミュレートすることに成功したのです．

　しかしながら，現在でも，図9.1に示したような赤外線スペクトル反射率（今後は略して「スペクトル」と呼びます）のグラフから，小惑星の組成を決めることはできていません．しかし，このスペクトルによって小惑星の分類学は大きく前進しました．スペクトルによる小惑星の分類法を以下9.4節，9.5節に

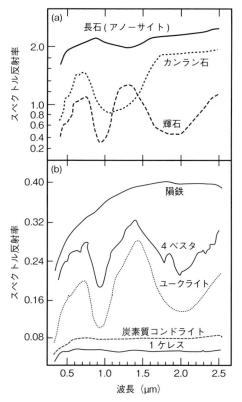

図9.1　（a）典型的な造岩鉱物の赤外線のスペクトル反射率，（b）実際の小惑星と隕石・隕鉄の赤外線のスペクトル反射率

武田弘著，惑星の物質科学，東京大学出版会，p. 150（1982）をもとに著者が作成．

わたり述べていくことにしましょう.

 9.4 小惑星の分類（その1）──スペクトルによる，トーレンの分類

　小惑星の分類には「スペクトルによる分類」と「固有軌道要素による分類」とがあります. 前者は色・「アルベド」（反射能；入射角の方向へ反射する反射光の強さ）・「スペクトル」による分類です. 後者は軌道長半径・離心率・軌道傾斜角など，類似した「固有軌道要素」による分類で，似た固有軌道要素を持つ小惑星の集団を「族」（family）と呼びます. ここではまず，スペクトルによる小惑星の分類について述べます.

　スペクトルによる分類は，大きく分けると「トーレンの分類」と，「SMASS分類」という2種類に分類されます.

　トーレンの分類はチャップマンら（Chapman et al., 1975）が作ったC型，S型，U型の3分類から始まり，トーレン（Tholen, 1984）の分類に収束しました. 1980年代の Eight-Color Asteroid Survey（ECAS）により得られた0.31〜1.06 μm の広いスペクトル帯域の測定結果とアルベド測定結果を組み合わせ，C型（B型，F型，G型，C型の小分類あり），S型，X型（M型，E型，P型の小分類あり）の分類があります. さらに，A型，D型，T型，Q型，R型，V型という分類もあります. ここでは専門的になりますが，○型といったときに，理解できるように，すべての型を網羅して説明したいと思います. 特に，C型，S型，M型は三大分類とでもいうべき代表的なものなので，まず，これらの説明をしたいと思います.

(1) C型小惑星　　炭素質. 小惑星の75%が含まれます.「C」は"Carbonaceous"（炭素質の）に由来します. 主に太陽から2.7 AUより離れた軌道を周回しています. アルベドが0.03前後の暗い外観をしており，炭素含有量が非常に高い炭素質コンドライト隕石に類似した特徴を持ちます. 水素・ヘリウム・揮発性物質を除いて，太陽と同じ組成を持ちます. 反射スペクトルは，2.5 μm までの可視・近赤外域ではほぼ平坦で，赤外域では暗くなります. 含水鉱物由来の3 μm 帯での吸収を示すものもあります. 有名な小惑星としては，253 マティルド（図10.3左），162173 リュウグウ（図15.3；はやぶさ2探査機がサンプ

ルリターンを遂行中), 火星の衛星のダイモスがあります.

(2) S型小惑星　　ケイ素質. ケイ酸塩が主成分. 小惑星の17%が含まれます. 「S」は "Stony"(岩石質の) または "Siliceous"(ケイ酸塩の) に由来し, ケイ酸鉄やケイ酸マグネシウムなどの岩石質の物質を主成分とする小惑星です. アルベドは0.10～0.22の間にあって比較的明るく, 主に火星と木星の間の小惑星帯の中央より内側を周回しています. 有名なものとしては3ジュノー(初めて発見されたS型小惑星), 951 ガスプラ(図10.1左), 433 エロス(図10.3右), 25143 イトカワ(図14.2), 10 ヒギエアなどがあります.

(3) M型小惑星　　金属質. ニッケル鉄が主成分です. 3番目に多い型. 0.10～0.18の比較的明るいアルベドを持ち, ニッケル鉄などの金属だけ, もしくは少量の岩石を含む小惑星です. これらは, 太陽系ができて間もないころ, 衝突によってはがされた原始小惑星の金属核で, 隕鉄や石鉄隕石の起源と考えられています. 代表的なものは, 16 プシケ(17.3節で述べるサイキ計画で探査予定), 21 ルテティア(図10.5右), 216 クレオパトラなどがあります.

　C型小惑星にはB型, F型, G型という小分類があります. それら以外が狭義のC型です.

(C-1) B型小惑星　　C型小惑星に似ています. 赤外線の吸収が $0.5\,\mu m$ より少ないか, 全くありません. スペクトルは赤よりほのかに青く, アルベドは一般的C型より明るいです. これらの特性は, 無水ケイ酸塩, 水和粘土鉱物, 磁鉄鉱, 硫化物, 有機高分子を表面に持つ, 研究室でゆっくりと加熱された炭素質コンドライトによく似ていました. 代表例として2パラス, オシリス・レックス探査機がサンプルリターンをしようとしている 101955 ベンヌ(図16.4)があります.

(C-2) F型小惑星　　B型小惑星に似ています. 含水鉱物の吸収特性である $3\,\mu m$ の赤外線の特徴がありません. 赤外線スペクトルが $0.4\,\mu m$ 未満の低い波長部分で異なります. 代表例として, 5番目に大きい小惑星 704 インテラムニアがあります.

(C-3) G型小惑星　　波長 $0.5\,\mu m$ 以下の赤外線を強く吸収します. 粘土鉱物や雲母に特徴的な波長 $0.7\,\mu m$ 前後のスペクトルを吸収するものがあります. 代表例として1ケレス(図10.6右)があります.

　X 型小惑星の中には，M 型（既出），E 型，P 型小惑星があります．ここでは E 型小惑星と P 型小惑星について説明します．

（X−1）E 型小惑星　　表面反射スペクトルは赤みがかっていて，比較的平坦です．0.3 以上と比較的高いアルベドを持ちます．大きい母天体が破壊され，融解や再結晶が行われた母天体の核の部分と考えられています．大部分は，小惑星帯の内側部分に分布するハンガリア群の小惑星です．E 型小惑星は比較的小さいものが多く，ほとんどは直径 25 km 以下です．隕石のオーブライト（エンスタタイト・エイコンドライト）は E 型小惑星が起源と考えられています．

（X−2）P 型小惑星　　低いアルベド（<0.1）を持ち，太陽系で最も暗く，特徴のない赤みがかったスペクトルを持ちます．炭素質コンドライトに似た，豊富な有機物，炭素，ケイ酸塩，無水ケイ酸塩で構成され，水の氷が内部に存在すると考えられています．反射スペクトルは実験的に，CI 型炭素質コンドライト 31%，CM 型炭素質コンドライト 49%，タギシュ・レイク隕石 20% を混ぜて熱変質と宇宙風化させて再現できました．小惑星帯外縁部以遠にあり，4 AU に存在のピークがあります．2.6 AU 以遠の小惑星は低いアルベドの P 型，C 型，D 型小惑星で占められ，液体の水による変成を受けている始原的な小惑星であると考えられています．

　その他の A 型，D 型，T 型，Q 型，R 型，V 型小惑星は以下のような特徴を持ちます．

（4）A 型小惑星　　強く幅の広い 1 μm のカンラン石のスペクトルと，非常に赤い 0.7 μm より短いスペクトルを持つ，珍しい小惑星です．完全に分化した小惑星のマントル部分からきたものであると考えられています．小惑星帯の内側に存在します．

（5）D 型小惑星　　非常に低いアルベドと，特徴がなく赤っぽいスペクトルをもち，「D」の名称の由来は（どこぞの漫画みたいですが），"Dark" からきています．有機化合物，炭素，ケイ酸塩，無水ケイ酸塩で構成され，内部には水の氷を含むかもしれません．小惑星帯の外側にあり，また，木星のトロヤ群のほとんどが D 型です．火星の衛星のフォボスの反射スペクトルは D 型小惑星と似ており，衛星の起源との関係が指摘されています．ニースモデルでは，D 型小惑星は，エッジワース・カイパーベルトが起源であるとされています．ま

た，タギシュ・レイク隕石は，D型小惑星に似たスペクトルを持ちます.

(6) T型小惑星　　暗く特徴のない中程度に赤いスペクトルを持ち，$0.85\,\mu m$ に緩やかな吸収線を持つ，無水で組成未知の珍しい小惑星です.　小惑星帯内側に見られますが，T型小惑星に対応する隕石は発見されていません.

(7) Q型小惑星　　スペクトル上に，$1\,\mu m$ と $2\,\mu m$ のカンラン石と輝石の強く幅広い線が見られ，スペクトルの傾斜は金属の存在を示す，V型とS型の中間の珍しいスペクトル型の小惑星です.　Q型小惑星のスペクトルは，普通コンドライト隕石のものに近く，比較的小惑星帯内側の小惑星で，例は，1862 アポロ，9969 ブライユ（図10.7右）です.

(8) R型小惑星　　中程度に明るく，スペクトル上に，$1\,\mu m$ と $2\,\mu m$ のカンラン石と輝石のはっきりした線が見られ，斜長石も存在する可能性があり，V型とA型との中間の珍しいスペクトルを持つ小惑星です.　小惑星帯内側の小惑星です.

(9) V型小惑星　　中程度に明るく，$0.75\,\mu m$ に非常に強い吸収線，$1\,\mu m$ 付近に別の吸収線を持ち，$0.7\,\mu m$ から波長の短い方に向かって非常に赤いです. 岩石，鉄，普通コンドライトで構成され，S型小惑星と似ています.　S型小惑星よりも輝石の含量が多く，比較的珍しいスペクトルを持ちます.　V型小惑星の「V」は4ベスタ（図10.6左）に由来し，ベスタ自身を含むV型小惑星の可視光波長スペクトルは，玄武岩質のエイコンドライトであるHED隕石のスペクトルに近いです.　小惑星帯の6%はV型小惑星であり，ベスタ族をなしています.　これらは，ベスタの南半球の巨大なクレーターから，1度の非常に大きな衝突で飛び散った，ベスタの地殻の破片である可能性が大きいです.

9.5　小惑星の分類（その2）——スペクトルによる SMASS 分類

2002年，バスとビンゼル（Bus and Binzel, 2002）は，Small Main-Belt Asteroid Spectroscopic Survey（SMASS）の1447個の小惑星の調査に基づいて，新しい分類法を発表しました.　これがSMASS分類といわれるものです.　トーレンの分類に用いたECASよりもはるかに分解能は高かったのですが，観測された波長の範囲が，$0.44 \sim 0.92\,\mu m$ といくらか狭く，アルベドは考慮されません.

トーレンの分類をできる限り保とうとしており，小惑星は以下のような24個のカテゴリーに分類されました．C型，S型，X型の3つの大きな分類と，その他いくつかの小分類が設けられました．ここではそのSMASS分類を説明します．

(1) C型小惑星：暗い炭素質天体．

    （C-1）B型小惑星：トーレンのB型およびF型．

    （C-2）C型小惑星：B型以外の一般的天体．

    （C-3）Cg型，Ch型，Cgh型小惑星：トーレンのG型とほぼ重なる．

    （C-4）Cb型小惑星：C型とB型の中間の小惑星．

(2) S型小惑星：ケイ素質（岩石質）小惑星．

    （S-1）A型小惑星：トーレンの分類のA型小惑星．

    （S-2）Q型小惑星：トーレンの分類のQ型小惑星．

    （S-3）R型小惑星：トーレンの分類のR型小惑星．

    （S-4）K型小惑星：新分類．アルベドは低く，$0.75\,\mu$m に中程度の赤色のスペクトルを持ち，波長の長い方で若干青みがかります．このような珍しいスペクトルは，CVおよびCO隕石に似ています．

    （S-5）L型小惑星：新分類．$0.75\,\mu$m に強い赤色のスペクトルを持ち，波長の長い方に平坦に続いていきます．K型小惑星と比べて，可視光でより赤く，赤外波長で平坦なスペクトルを持つ珍しい小惑星です．

    （S-6）S型小惑星：S型で最も一般的な小惑星．

    （S-7）Sa型，Sq型，Sr型，Sk型，Sl型小惑星：S型とその他それぞれの型との中間の小惑星．4179トータティス（図10.7左）はSk型です．

(3) X型小惑星：主に金属質の小惑星．

    （X-1）X型小惑星：トーレンの分類のM型，E型，P型を含む最も一般的なX型小惑星．

    （X-2）Xe型，Xc型，Xk型小惑星：X型とその他それぞれの型との中間の小惑星．

    （X-3）T型小惑星：トーレンの分類のT型小惑星．

（X－4）D型小惑星：トーレンの分類のD型小惑星.

（X－5）Ld型小惑星：L型よりも極端なスペクトルを持つ新型小惑星.

（X－6）O型小惑星：0.75 μmに深い吸収線を持つ，新型小惑星．スペクトルはL6型やLL6型の普通コンドライト隕石のスペクトルとよく一致し，3628 ボジュ・ニェムツォヴァーだけが属する珍しい小惑星型.

（X－7）V型小惑星：トーレンの分類のV型小惑星.

9.6　小惑星の分類（その3）――固有軌道要素による分類

軌道長半径や離心率，軌道傾斜角など，類似した固有軌道要素を持つ小惑星の集団を「族」（family）と呼びます．これらのグループは，同一の母天体（原始惑星）が分裂して母天体に近い軌道を回り続けているものや，木星などの引力の影響で一定範囲の軌道に集まったものがあります．基本的には前者を「族」と呼びます．「族」を最初に発見したのは日本の平山清次（1874-1943）であり，21世紀初頭までにメインベルトで数十の「族」が発見されています．

図9.2には軌道長半径6 AUまでの小惑星の分布を示しました．横軸には軌道長半径（AU），縦軸には軌道傾斜角（°）をとってあります．ほとんどの小惑星は火星と木星軌道の間に集まっています．これを小惑星帯と呼びます．特に，軌道長半径2.1 〜 3.3 AUで，軌道傾斜角が20°以内の小惑星がなす領域を，エッジワース・カイパーベルトと区別するために，メインベルトと呼びます（図

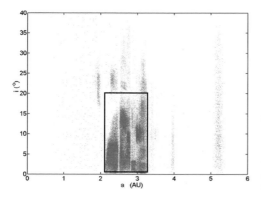

図9.2　軌道長半径6 AUまでの小惑星の分布

横軸は軌道長半径，縦軸は軌道傾斜角．枠の内部がメインベルトの小惑星です．火星は1.67 AU，木星は4.95 〜 5.46 AU．図はPiotr Deuarによる．[http://en.wikipedia.org/wiki/Image:Main_belt_i_vs_a.png]

9.2 では枠で囲った領域です）．また，小惑星は，主に木星との摂動によって，いくつかの群をなして運動します．

スペクトル分類では，メインベルト内側はV型，S型，M型，D型，中央はC型，B型，P型，外側はC型，B型，P型，M型が多いです．

さて，図9.2 には，小惑星が存在しない領域がいくつか存在します．これらはカークウッドの空隙（Kirkwood gaps）と呼ばれます．2.1, 2.5, 2.8, 2.95, 3.3 AU の空隙は特にはっきりしていて，図9.2 からも識別できます．これは 1857 年にカークウッドが初めて注目し，それらの成因がそれぞれ 4:1, 3:1, 5:2, 7:3, 2:1 という，木星との軌道共鳴にあることで説明できました．

表9.1 には小惑星の族と群の主なものを示しました．メインベルトはグレーの色をつけた領域です．この中に本来なら数十の族があるのですが，族の一部だけを示しました．

表 9.1　小惑星の主な族と群

名称	軌道長半径（AU）	族	有名な小惑星，注
アテン群	0.983 ～ 1		地球近傍小惑星（NEA）
アポロ群	1 ～ 1.017		地球近傍小惑星（NEA）
アモール群	1 ～ 1.3		地球近傍小惑星（NEA）
ハンガリア群	1.78 ～ 2.00	—	火星のトロヤ群
メインベルト			
（内側，2.1 ～ 2.5 AU）	2.15 ～ 2.35	フローラ族	8 フローラ
	2.26 ～ 2.48	ベスタ族	4 ベスタ
	2.37 ～ 2.45	マッサリア族	20 マッサリア
（中間，2.5 ～ 2.8 AU）	2.5 ～ 2.706	マリア族	170 マリア
	2.53 ～ 2.72	エウノミア族	15 エウノミア
	2.71 ～ 2.79	パラス族	2 パラス
（外側，2.8 ～ 3.3 AU）	2.83 ～ 2.91	コロニス族	158 コロニス
	3.06 ～ 3.24	ヒエギア族	10 ヒエギア
	3.08 ～ 3.24	テミス族	24 テミス
ヒルダ群	3.97	—	
木星のトロヤ群	5.20	—	太陽–木星 L4, L5
海王星トロヤ群	30.11	—	太陽–海王星 L4, L5
ダモクレス族	逆行小惑星	—	オールトの雲[*11] 由来
ケンタウルス族	軌道不安定		8405 アスボルス

表9.1には，地球軌道の近くを通るアテン群，アポロ群，アモール群という，地球近傍小惑星（NEA）というものも示しました．これらの中でも特に地球に衝突する可能性があり，衝突した場合の危険性が高い小惑星を，潜在的に危険な小惑星（PHA）と呼びます．

ダモクレス族というのは，地球近傍小惑星のうち，周期彗星のような長楕円軌道や黄道面から大きく傾いた軌道をとるものをいい，「オールトの雲[*11]」由来だと考えられています．ほとんどの逆行小惑星はダモクレス族に属すると考えられています．

ハンガリア群というのはメインベルトの最も内側の，軌道長半径1.78〜2.00 AUを公転している小惑星であり，木星と9:2，火星と3:2で軌道共鳴しています．図9.2のメインベルト内側左上の17〜28°の，点が密集している領域です．

ヒルダ群とは，軌道長半径3.7〜4.2 AU，傾斜角20°以内の小惑星群です．木星に対して2:3の軌道共鳴状態にあります．小惑星153ヒルダに由来します．スペクトルはD型，P型が多く一部C型もあります．

ケンタウルス族とは，軌道長半径が30 AU以下，近日点は木星軌道と天王星軌道の間，遠日点は土星軌道と海王星軌道の間にあるものが多いです．木星の摂動を受けやすく，軌道は不安定です．彗星起源と考えられます．

共鳴小惑星というものもあります．これらは公転周期が惑星と整数比の軌道で安定しており，多くの小惑星が分布するものです．火星トロヤ群，ハンガリア群，ヒルダ群，木星トロヤ群，海王星トロヤ群などがあります．

○○横断小惑星というものもあります．○○には水星・金星・地球・火星・木星・土星・天王星・海王星が入ります．これらは，近日点と遠日点が，それぞれ対象となる惑星の公転軌道より内側と外側にある小惑星です．地球近傍小惑星は地球横断小惑星でもあります．

[*11] オールトの雲とは，1万〜10万AUの領域で，太陽系を球形にとり巻いていると考えられている領域です．1950年にヤン・オールトが長周期彗星の軌道計算から，彗星のもとの天体があると仮定した領域．

9.7 ラグランジュ点とトロヤ群——木星軌道上の小惑星

　本節では，ラグランジュ点について説明することにします．小天体（たとえば木星）が，大きな天体（たとえば太陽）の周りを公転しているとします．

　そのとき，図 9.3 に示した L1 から L5 の五つの点にある極小天体（たとえば小惑星）は，小天体から見ると力学的に安定な位置にあり，<u>小天体から見て静止軌道上に留まることができます</u>．当然のことながら小天体の外から見れば移動しています．これがラグランジュ点です．L1, L2 は大天体と小天体を結んだ直線状にあります．L1 は小天体の軌道の内側，L2 は小天体の外側です．L3 は大天体に対して小天体の反対の位置の，小天体の軌道上の点です．L4 と L5 は大天体と小天体を結んだ直線を一辺とする正三角形上の，小天体の軌道上の点です．L4 は小天体より前，L5 は小天体より後ろ側にあります．

　ラグランジュ点の力学的安定な位置という特性を利用して，宇宙望遠鏡が太陽と地球のラグランジュ点に置かれたりします．SF アニメの「機動戦士ガンダム」では，地球と月のラグランジュ点にコロニーが存在しました．

　木星の重力は太陽系最大なので，多くの小惑星に影響を与え，太陽と木星のラグランジュ点に多くの小惑星を集めました．L4 と L5 に位置する小惑星は木星のトロヤ群と呼ばれ，L4 に位置するものをギリシア群（約 2800 個），L5 に位置するものをトロヤ群（約 1800 個）と，区別することもあります．

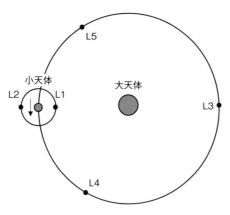

図 9.3　ラグランジュ点
L1 から L5 までがラグランジュ点です．詳しい説明は本文にあります．

　同様に，（太陽と）地球のトロヤ群（1 個），火星のトロヤ群（4 個），天王星のトロヤ群（1 個），海王星のトロヤ群（9 個）の小惑星もあります．

10

小惑星の写真集
―探査機による観測と写真―

この章は，これまでに探査機による観測によって得られた，まさに「あばたもえくぼ」といった感じの，美しい小惑星の写真をすべてお見せいたします．写真は探査機の年代順，ガリレオから，中国の嫦娥2号によるものまで一気に並べました．小惑星は10万個以上発見されているにもかかわらず，近傍で写真が撮られたのはわずか13＋3個だけです（プラス3個というのはサンプルリターンの小惑星）．

10.1　ガリレオによる小惑星の観測―― 951 ガスプラと 243 イダ

　1989年にNASAが打ち上げた木星探査機ガリレオは，1991年に951 ガスプラ（S型，長軸18 km，クレーター名は温泉街の名前由来，日本からは「Beppu」という名が採用されました），1993年に243 イダ（S型，長軸60 km，クレーター名は世界各地の洞窟名から採用）の映像を撮影し，かくして，人類は初めて小惑星の鮮明な映像を目にしました（図10.1）．なお，探査機ガリレオはイダに初めて衛星を発見し，ダクティル（直径1.6 km）と名づけられました．

　その後も，主に地上での観測により170個以上（2010年現在）の小惑星に衛星の存在が確認されています．

　なお，小惑星の番号・型・族・命名法については9章で説明しました．忘れた人は9章を復習してください．

図 10.1 （左）951 ガスプラ，（右）243 イダとその衛星ダクティル
［（左）USGS/NASA/JPL. https://upload.wikimedia.org/wikipedia/commons/8/81/951_
Gaspra.jpg （右）NASA/JPL. https://solarsystem.nasa.gov/resources/1031/ida-and-
dactyl-in-enhanced-color/］

10.2 カッシーニによる小惑星の観測——2685 マサースキー

1997 年に NASA が打ち上げた土星探査機カッシーニは，160 万 km 位置で（地球-月距離の約 4 倍）2685 マサースキーを通過しました（図 10.2）．マサースキーは直径 15 ～ 20 km の S 型小惑星で，小惑星帯のエウノミア族に属しています．

図 10.2 カッシーニが撮影した 2685 マサースキー
［NASA/JPL. https://upload.wikimedia.org/wikipedia/commons/
1/10/2685_Masursky_PIA02449.jpg］

10.3 ニア・シューメーカーによる小惑星の観測 ——253 マティルドと 433 エロス

1996 年に NASA により打ち上げられたニア・シューメーカーは，1997 年に 253 マティルド，2000 年に 433 エロスの映像を撮影し（図 10.3 参照），探査機はエロスの周回軌道に乗った後に，エロスへの着陸に成功しました（図

図10.3 （左）253 マティルド，（右）433 エロス
[NASA & NASA/JPL/JHUAPL.（左）https://nssdc.gsfc.nasa.gov/imgcat/hires/nea_
19970627_mos.gif（右）http://photojournal.jpl.nasa.gov/catalog/PIA02475]

10.4）．この偉業を忘れてしまっている人が多く，日本の探査機はやぶさが初
めて小惑星表面に着陸したと思っている人が多いのではないのでしょうか．

　253 マティルドは C 型小惑星でとても暗く，直径 53 km，メインベルトに属
します．計測された密度は $1.3\,\mathrm{g/cm^3}$ しかなく，この小惑星はラブルパイル天
体（25143 イトカワのように破砕した岩石が集積した天体）であることを示し
ています．マティルドにはかなり大きなクレーターがあり（図10.3左参照），
その部分の色が表面の色と変わらないことから，内部まで均質な物質でできて
いると予想されています．自転周期が非常に遅い小惑星であり，ニア・シュー
メーカーはマティルドのすべての表面を撮影することができませんでした．C
型小惑星（"Carbonaceous"「炭素質」から）であることから，クレーターに
は世界の炭鉱地帯の名前がつけられています．日本からは Ishikari（石狩）が
選ばれています．

　433 エロスは S 型小惑星で長軸 33 km，地球近傍小惑星（NEA）のアモール

図10.4　ニア・シューメーカーが着陸直前に撮影に
　　　　成功した，エロスの地表
地表は月や 25143 イトカワのように，レゴリスに覆
われています．[NASA. https://upload.wikimedia.org/
wikipedia/commons/a/a6/Erosregolith.jpg]

群に属します．太陽からの平均距離は1.46 AU，地球へ2300万 km まで接近
します．2012年には0.18 AU（2700万 km）まで接近しました．エロスは図
10.3のようにピーナッツ型をしています．ニア・シューメーカーに搭載され
たX線/ガンマ線分光器の分析から，エロスはカンラン石や輝石など鉄を含む
ケイ酸塩でできている，普通コンドライトの組成を持つと考えられています．
クレーターには恋愛に関係する名前がつけられ，日本からはGenji（源氏）と
Fujitsubo（藤壺）が選ばれました．

10.4 ロゼッタによる小惑星の観測 ——2867 シュテインスと 21 ルテティア

2004年に打ち上げられたロゼッタは，2008年に2867シュテインス，2010
年に21ルテティアへの接近観測を行いました．

2867シュテインスはメインベルトに位置し，直径約4.6 km のE型小惑星（9.4
節参照）です．ロゼッタは速度9 km/s で1700 km まで接近し，画像を撮影し
ました（図10.5左参照）．直径2.1 km の大きなクレーター，一直線に並んだ
七つのクレーターなどが発見されました．その後の画像解析で，逆行自転して
いること，ラブルパイル天体（10.3節参照）であること，YORP効果（ヤル

図10.5 （左）2867 シュテインス，（右）21 ルテティア

コフスキー・オキーフ・ラジエフスキー・パダック効果；自転するひずんだ微惑星が，太陽の光の圧力と熱放射のバランスが各所で異なるために自転速度が変化する効果，これにより軌道が変化したり，表面物質が散逸したりする）によって現在の形ができたことなどが発表されました．

21 ルテティアはメインベルトに位置する比較的大きな，M 型小惑星です．ロゼッタは 3162 km まで接近し画像を撮影しました（図 10.5 右参照）．M 型小惑星では最初の探査となった小惑星です．クレーター名にはローマ帝国の地名が使われています．

10.5 ドーンによる小惑星の観測── 4 ベスタと 1 ケレス

2007 年に NASA が打ち上げたドーン（"dawn"「夜明け」の意）は，2011 年に 4 ベスタの周回軌道に乗って観測を行い，2012 年にベスタの軌道を離脱しました．2015 年には準惑星 1 ケレスの周回軌道に到達し，2018 年に燃料がなくなり運用が終了しました．結果として，人類史上初の小惑星帯にとどまる人工物となりました．

4 ベスタは，V 型小惑星（9.4 節参照）に分類されます．直径 468 〜 530 km のジャガイモのような形の，メインベルトで 3 番目に大きな小惑星です（図 10.6 左参照）．中心部にニッケル鉄の核，その外側にカンラン石からなるマントル，表面は溶岩流に起因する玄武岩からなると考えられています．これは太陽系初期にベスタが，位置エネルギーの解放によって溶融したためです．

エイコンドライトの中で，HED（ホワルダイト−ユークライト−ダイオジェナイト）隕石は分化した天体起源で，激しい火成作用を受けています．これらの隕石はベスタ起源と考えられています．ベスタから地球までは以下のモデルが考えられています．

(1) 今から 10 億年以内に，ベスタの南半球に天体が衝突し，直径 10 km 以下の小さな V 型小惑星が形成されました．これらの小惑星はベスタ族を形成しました．

(2) 遠くへ飛んだ破片の一部は 3:1 の「カークウッドの空隙」（9.6 節参照）に集まりました．ここに集まった小惑星は 1 億年以内に遠くの軌道へは

じき飛ばされます．これらのいくつかは地球近傍小惑星となりました．

(3) これらの地球近傍小惑星同士で小規模な衝突が起こって，岩サイズの隕石が放出されました．600万〜7300万年の間，宇宙空間を漂った後，いくつかがHED隕石として地球に落下しました．

1ケレスは直径945kmの，小惑星帯最大の準惑星です（図10.6右参照）．氷と岩石でできており，小惑星帯の全質量の1/3を占めています．赤外スペクトルはC型小惑星とほぼ一致しますが，水と化学反応した（水和した）物質の存在も見られました．表面は氷と炭酸塩や粘土のような水和鉱物との混合物です．ドーンの研究チームは，ケレスに数か所の光点を発見して（図10.6右では左上のクレーター内部に見られる）大騒ぎになりましたが，内部から最近表面に到達した塩水の結晶化に由来する，大量の炭酸ナトリウムと少量の塩化アンモニウムまたは炭酸水素アンモニウムが関与したものと結論されました．

有機化合物ソリン（tholin；メタンやエタンなどの単純な有機化合物に紫外線が作用して生成する，赤っぽい高分子化合物）がケレスのエルヌテトクレーターで検出されました．ケレスは非常に炭素に富んでいて，表面付近の全質量の約20％を炭素が占めます．この割合は，炭素質コンドライトよりも5倍以上も多い割合です．原因としては，ケレスが水の存在する木星軌道よりも外側

図10.6 （左）小惑星4ベスタと（右）準惑星1ケレスのドーンによる写真と大きさの比較
[NASA/JPL, modified by Jcpag2012. NASA/JPL-Caltech/UCLA/MPS/DLR/IDA. （左）https://upload.wikimedia.org/wikipedia/commons/thumb/9/9b/Eros%2C_Vesta_and_Ceres_size_comparison.jpg/1280px-Eros%2C_Vesta_and_Ceres_size_comparison.jpg．（右）https://upload.wikimedia.org/wikipedia/commons/thumb/d/d3/PIA19562-Ceres-DwarfPlanet-Dawn-RC3-image19-20150506.jpg/637px-PIA19562-Ceres-DwarfPlanet-Dawn-RC3-image19-20150506.jpg]

に存在して，炭素に富む物質の降着によって形成されたためである，と考えられています．

10.6　嫦娥 2 号とディープ・スペース 1 号による小惑星の観測 —— 4179 トータティスと 9969 ブライユ

　2010 年に打ち上げられた中国の月探査機 嫦娥 2 号は，月探査ミッション終了後，地球近傍小惑星，アポロ群（アリンダ族，火星横断小惑星）の 4179 トータティスに接近し，2012 年 12 月に写真撮影に成功しました（図 10.7 左）．長さ約 4.6 km で，スペクトル分類は Sk（9.5 節参照）でした．

　1998 年に NASA が打ち上げたディープ・スペース 1 号は，1999 年 7 月，火星横断小惑星 9969 ブライユ（Q 型［9.5 節参照］，長軸 2.2 km）に 29 km まで接近し写真撮影を行いましたが，残念ながら機器の不具合でピントがぼけてしまいました（図 10.7 右）．

図 10.7　（左）4179 トータティス，（右）9969 ブライユ
［（左）CNSA. https://www.universetoday.com/wp-content/uploads/2017/04/Toutatis_from_Change_2.jpg （右）NASA/JPL/USGS. https://upload.wikimedia.org/wikipedia/commons/4/4d/9969_Braille_-_PIA01345.png］

10.7　スターダストとニュー・ホライズンズによる小惑星の観測 —— 5535 アンネフランクと 132524 APL

　1999 年に NASA が打ち上げたスターダストは，ヴィルト第 2 彗星に向かう途中の 2002 年，3200 km の距離から 5535 アンネフランク（S 型，アウグスタ族）の写真撮影を行いました（図 10.8 左）．この結果，これまでの予測よりも 2 倍ほど大きい（6.6×5.0×3.4 km）ことが判明しました．

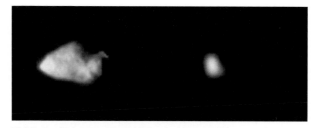

図 10.8　(左) 5535 アンネフランク (右下は欠落),
　　　　　(右) 132524 APL
[(左) NASA/JPL/USGS. https://upload.wikimedia.org/wikipedia/commons/
1/1e/Asteroid_5535_Annefrank.jpg (右) NASA/JPL. https://upload.wikimedia.
org/wikipedia/commons/3/34/132524_APL_New_Horizons.jpg]

　2006 年に NASA が打ち上げたニュー・ホライズンズは,同年,小惑星帯の
132524 APL (S 型) を通過し,134 万 km の距離から撮影に成功し (図 10.8 右),
大きさ約 2.5 km と決めることができました.このようなピントがぼけている
ような写真しか撮れないということは,134 万 km という距離に対して 2.5 km
という対象がいかに小さく (月と地球の距離が 38 万 km),また,カメラとの
相対速度が大きいうえでの写真撮影の困難さを物語っている (ニューホライズ
ンズの当時の速度は 27 km/s) と考えられます.

10.8 小惑星の大きさ比較——大きさ比較でひと休み

　図 10.1 から図 10.8 までの小惑星の写真だけでは相互の大きさのイメージが
つかめないと思います.大きさを比較した写真 (ケレス,ブライユ,トータティ
ス,APL,マサースキーを除く) がありましたので図 10.9 に載せました.実
はかなり大きさに違いがあることがわかります.
　図 10.9 が白黒写真なのが残念なのですが,4 ベスタが白黒なのに対し,21
ルテティア,253 マティルド,243 イダは赤っぽい色をしています.

図 10.9　小惑星の大きさを比較した合成写真
[NASA/JPL-Caltech/ESA . https://www.nasa.gov/sites/default/files/images/
571644main_PIA14316_full.jpg]

11

宇宙望遠鏡
—地球外からの宇宙の観測—

> この章では，多くの成果を挙げている（いた）宇宙望遠鏡のいくつかについて紹介します．宇宙望遠鏡や探査機は，予算化から始まり，機器開発から運用まで，関係者の並々ならぬ努力で成り立っています．予算には限りがあるため，一つのプロジェクトが予算を獲得すれば，別のプロジェクトは延期または中止となってしまいます．

　地球近傍の宇宙望遠鏡のいくつかについて紹介することにしましょう．小惑星の観測は地球上からの望遠鏡による観測があります．しかし，地球上での可視光や赤外線での観測では，どうしても大気の影響や，地球光によって高バックグラウンドとなって目的の信号が消えてしまいます．また，X線の観測は大気に吸収されて不可能です．そこで，探査機と並行して様々な宇宙望遠鏡が打ち上げられるようになりました．

11.1　ハッブル宇宙望遠鏡（HST）

　HST は 1990 年，NASA（アメリカ航空宇宙局）と ESA（欧州宇宙機関）によって作られ，スペースシャトルによって地球軌道に打ち上げられました．主鏡の直径は 2.4 m，長さ 13 m，重さ 11 t で，近紫外・可視光・近赤外での観測が可能です．この望遠鏡は天文学者ハッブル（E. Hubble）から名をとりました．HST は大気の影響などを受けないために，高解像度の像を撮影でき，多岐にわたる膨大な成果を上げています．2020 年 3 月現在，発表された論文は 1 万 7000 件にのぼっています．

11.2　チャンドラ X 線観測衛星（CXO）

CXO は 1999 年，NASA によりスペースシャトルによって打ち上げられました．この名前はインドの物理学者チャンドラセカール（S. Chandrasekhar）に由来します．大気は X 線を吸収してしまうために，CXO は地上の X 線望遠鏡よりも，少なくとも 100 倍は高感度です．X 線は，非常に強い磁場・重力の中で物質が超高温に熱せられるような，超新星・中性子星・ブラックホールなどに関連した場所で放出されます．そのため，CXO は X 線天文学に非常に貢献しました．

11.3　スピッツァ宇宙望遠鏡（SST）

SST は 2003 年に NASA が打ち上げた赤外線望遠鏡です．名前は 1940 年代に宇宙望遠鏡を提案したスピッツァ（R. Spitzer Jr.）博士に由来します．赤外線 4 波長同時測定カメラ（IRAC），赤外線 4 波長同時分光器（IRS），遠赤外線 3 波長同時イメージ装置（MIPS）の三つの機器を搭載し，高精度の赤外線観測のために，液体ヘリウムを用いて望遠鏡の温度を 5.5 K に冷却していました．2009 年に液体ヘリウムが尽き，予定されたミッションは終了し，その後，望遠鏡の温度が 30 K にまで上昇しましたが，最長波長赤外線を除くチャンネルで「ウォーム・ミッション」として稼働を続けています．

11.4　広域赤外線探査衛星（WISE）

WISE は 2009 年に NASA により打ち上げられました．全天の赤外線をスキャンし，何億個もの天体を見つけ，何百万のイメージを撮影して，最も遠い太陽系・銀河系，小惑星・彗星・褐色矮星などを発見することが目的でした．また，赤外線によって小惑星のサイズ分布を得て，危険な小惑星を発見することも目的でした．WISE は 2009 年末から 2011 年 2 月まで運用が続けられ，冷却用固体水素がなくなって運用は終了しました．WISE は 2010 年 10 月までに，3 万

3000 個以上の新しい小惑星と，19 個の彗星を発見しました．その後，2014 年から 3 年間，NEOWISE として運用を再開しました．

11.5 ひとみ

　X 線天文衛星で，日本，アメリカ，欧州，オランダ，カナダなど，国内 28 か所，国外 23 か所が参加した国際協力ミッションです．2016 年に H-IIA ロケットにより種子島宇宙センターから打ち上げられました．打ち上げ，クリティカル運用期間，全観測機器立ち上げまでは順調でした．

　しかし，ひとみを活動銀河核に指向させるコマンドを送信後，通信が途絶しました．姿勢制御機能の異常により，望遠鏡が分裂・分解したと推定されています．多くの運用ミスが重なったのが原因で，不適切なパラメータの送信・信頼性を欠いた設計・専任でなかったプロジェクトマネージャー・打ち上げ後の不明事象を無視した運用など，失敗原因は枚挙にいとまがありません．最高のスペックを持った最新の X 線天文衛星だったため，望遠鏡の分解は非常に惜しまれました．また，日本の負担額は 330 億円ということで，ずさんな運用で巨額の税金が消えてしまいました．

　成功は当たり前，失敗すれば袋叩きというのが科学技術に対する日本人の考え方ですが，喉元過ぎれば熱さを忘れるのも日本人の特徴です．失敗は成功の母とばかりともいっていられません．次の計画の成功を祈ります．

宇宙の岩石を取りに行く

サンプルリターンの歴史と未来　Part **4**

▶〔**写真**〕1971 年にアポロ 15号の宇宙飛行士ジェームズ・アーウィンが月面から，表面の砂の試料を回収している写真です．金属パイプをハンマーで月面上に突き刺した後，試料を回収しました．左の装置は日時計です．やはり，ロボットではなく人間が試料を採集することが，サンプルリターンの理想です．しかし，月以遠に人類は到達したことがないので，遠隔操作や自律型ロボットで小惑星のサンプルリターンをすることが基本となります．この点，日本は世界に誇れる技術を開発し，成功を収めてきました．今後も，若い世代を育成し続けることが大事です．〔NASA. https://images-assets. nasa.gov/image/as15-92-12424/ as15-92-12424~orig.jpg〕

12

月試料サンプルリターン
―無人・有人月探査機とサンプルリターン―

> 12章では月試料のサンプルリターンについて学びます．月は，地球に最も近く，冷戦期にはアメリカと旧ソ連の，国の威信をかけた月着陸競争が行われました．今では考えられない巨額の予算を投じた，アメリカのアポロ計画による6度にわたる有人サンプルリターンや，旧ソ連の無人機によるサンプルリターンが行われました．本章ではこれらのサンプルリターンについて学ぶことにしましょう．

12.1 無人月サンプルリターン――旧ソ連のルナ計画を中心に

　月探査は，1950年代後半から1970年代前半に至る，旧ソ連とアメリカの宇宙開発競争によって劇的な進歩を遂げました．現在でも月探査衛星がいろいろな国から発射されています．詳しくは表12.1に示しました．中でも，旧ソ連はルナ計画で，何回も無人の月探査機の軟着陸に成功しています．

　まず，旧ソ連は，1959年9月に，探査機ルナ2号を，月への最初の人工物として月面に衝突させました．1959年10月には，探査機ルナ3号が，月の裏の写真撮影に初めて成功しました．以降旧ソ連は有人宇宙飛行の実現に力を入れたため，月探査はしばらく途絶えることになりました．1966年2月には，ルナ9号が月面に軟着陸することに初めて成功しました．1966年3月には，ルナ10号が月の最初の人工衛星になりました．

　1966年8月のルナ11号（図12.1a）は月周回軌道に入り，33日間，月周辺の環境や月の表面を調査しました．同年10月のルナ12号（図12.1a）は月周回軌道に入り，85日間，軌道上から月面を撮影しました．同年12月のルナ13

表 12.1　月探査機の発射年と成果

月探査機	発射年	成果
ルナ 2 号	1959	月への最初の人工物
ルナ 3 号	1959	月の裏の最初の写真撮影
ルナ 9 号	1966	初めての月面軟着陸
ルナ 10 号	1966	月の最初の人工衛星
ルナ 11 号	1966	月の表面観測
ルナ 12 号	1966	月表面撮影
ルナ 13 号	1966	月面軟着陸，TV 撮影
サーベイヤー計画	1966-1968	7 機を月へ軟着陸
ルナ 14 号	1968	無線通信技術試験
アポロ 8 号	1968	有人で月周回軌道
アポロ 11 号	1969	有人で月着陸成功，22 kg の試料
アポロ 12 号	1969	有人で月着陸成功，34 kg の試料
アポロ 14 号	1970	有人で月着陸成功，43 kg の試料
ルナ 16 号	1970	101 g の土
ルナ 17 号 / ルノホート 1 号	1970	無人ローバー 10 km 走破
アポロ 15 号	1971	有人で月着陸成功，77 kg の試料
ルナ 19 号	1971	月周回 1 年間以上
アポロ 16 号	1972	有人で月着陸成功，95 kg の試料
アポロ 17 号	1972	有人で月着陸成功，110 kg の試料
ルナ 20 号	1972	30 g の土
ルナ 21 号 / ルノホート 2 号	1973	無人ローバー 37 km 走破
ルナ 24 号	1976	170 g の土
ひてん	1990	月軌道入り
クレメンタイン	1994	2 か月観測
ルナ・プロスペクター	1998	1 年半月周回軌道，観測
スマート 1	2003	2006 まで観測
かぐや	2007	月周回軌道，写真撮影
チャンドラヤーン 1 号	2008	インドの月周回衛星
ルナ・リコネサンス・オービター	2009	エルクロスの衝突で水を確認
エルクロス	2009	月南極衝突
嫦娥 3 号	2013	月軟着陸成功
嫦娥 4 号	2019	月の裏側への軟着陸成功

号は月面に軟着陸し，改良型の月着陸機で，月面の撮影や土壌の調査を行いました．1968 年 4 月に月周回軌道に入ったルナ 14 号は，有人飛行のための宇宙

図 12.1 　(a) ルナ 11・12 号，(b) ルナ 16・20・24 号，(c) ルノホート 1 号（モ
　　　　 スクワ・宇宙航空記念博物館にある模型），(d) ルナ 22 号
[NASA. (a) https://nssdc.gsfc.nasa.gov/planetary/image/luna_11_12.jpg (b) https://
nssdc.gsfc.nasa.gov/image/spacecraft/luna-16.jpg (c) https://commons.wikimedia.
org/wiki/File:Lunokhod_1_moon_rover_(MMA_2011)_(2).JPG (d) https://nssdc.gsfc.
nasa.gov/planetary/image/luna_22.jpg]

船の通信や追跡の実験台となりました.

　1970 年 9 月打ち上げの無人機ルナ 16 号（図 12.1b）は，初めて無人で月の
土 101 g を地球に送り返すことに成功しました. 同年 11 月，ルナ 17 号（図
12.1c）が打ち上げられ，世界初の月面車（ルノホート 1 号）による探査を行い，
ルノホート 1 号の運用は予定を超えて続けられ，大きな成果を挙げました.

　1971 年 10 月打ち上げのルナ 19 号は月周回探査機で，軌道投入後 1 年以上
にわたって観測を行いました. 1972 年 2 月打ち上げのルナ 20 号（図 12.1b と
同型）は 30 g と少量ながらも 2 度目の月の土の回収を果たしました. 1973 年
1 月打ち上げのルナ 21 号はソ連としては 2 台目となる月面車（ルノホート 2 号）
を月に降ろし，5 か月間の探査を行いました. 1974 年打ち上げのルナ 22 号（図

12.1d）は月周回機で，6月から9月まで月を探査しました.

アポロ11号が1969年に月着陸に成功して，ルナ計画の意義は薄れるなか，旧ソ連は1974年5月に有人月着陸計画の中止を決定しました．こうした中，1976年8月にルナ24号（図12.1bと同型）は無人で月の土170gを地球に送り返すことに成功して，ルナ計画は終了しました.

日本は，1990年に実験衛星ひてんが月軌道に入り，2007年月周回衛星かぐやが，1年8か月にわたる科学的探査や詳細な写真撮影を行いました.

アメリカ（NASA）は，1994年クレメンタインで2か月間観測を行い，1998年にはルナ・プロスペクターが1年半月周回軌道で観測しました．2009年には，ルナ・リコネサンス・オービターとエルクロスを打ち上げ，エルクロスは月の南極近くに衝突し，水の存在を確認しました.

ESAは2003年に月周回探査機スマート1を打ち上げ，2006年まで観測を行いました.

中国は，嫦娥計画を開始し，2013年嫦娥3号が月面軟着陸に成功し，2019年には嫦娥4号が人類史上初の月の裏側への軟着陸に成功しました.

インドは2008年，無人月周回衛星チャンドラヤーン1号を打ち上げましたが，2009年7月に故障し，10か月で計画終了となりました.

月は身近な天体なので，地球周回衛星技術を持つ国が，次の技術目標とすることが多いようです.

12.2 有人月サンプルリターン——アポロ計画

1950年から1960年にかけての遅れを取り戻すべく，アメリカは1966年から1968年にかけてサーベイヤー計画で7機の探査機を月に軟着陸させることに成功しました.

ケネディは1961年5月の上下両院合同議会での演説で，「10年以内に，人間を月に着陸させ，安全に帰還させる」というプロジェクト（アポロ計画）の支援を表明しました.

当時，生命への危険，コスト，技術，飛行士の能力への要求を最小にするために，四つの月飛行方式の案が検討されました.

(1) 直接降下方式　　単体の宇宙船で月に向かい，着陸して帰還するというもの．非常に強力なロケットが必要です．

(2) 地球周回ランデブー方式 (Earth Orbit Rendezvous, EOR)　　複数のロケットで部品を打ち上げ，直接降下方式の宇宙船および地球周回軌道を脱出するための宇宙船を組み立てるというもの．軌道上で各部分をドッキングさせた後は，宇宙船は単体として月面に着陸します．

(3) 月面ランデブー方式　　2機の宇宙船を続けて打ち上げる方式．燃料を搭載した無人の宇宙船が先に月面に到達し，そのあと人間を乗せた宇宙船が着陸します．地球に帰還する前に，必要な燃料は無人船から供給されます．

(4) 月周回ランデブー方式 (Lunar Orbit Rendezvous, LOR)　　いくつかの単位から構成される宇宙船を，1基のロケット（サターンV）で打ち上げるという方式．着陸船が月面で活動している間，司令船は月周回軌道上に残り，そのあと活動を終えて上昇してきた着陸船と再びドッキングします．他の方式と比較すると，LOR方式はそれほど大きな着陸船を必要とせず，そのため月面から帰還する宇宙船の重量（すなわち地球からの発射総重量）を最小限に抑えることができます．

　1961年初めまで，NASA内部では直接降下方式が支持されていました．ラングレー研究所のJ. フーボルトは，NASA副長官のR. シーマンズにまで働きかけ，LOR方式を嘆願しました．その後，シーマンズがゴロヴィン委員会を立ち上げて，LOR方式が支持されました．1962年初めにはヒューストン有人宇宙センター内のNASA宇宙任務グループもLOR方式支持に意見を変えていき，最終的にLOR方式が採用されました．アポロ計画の成功には，この月飛行方式の選択の成功があります．

　LOR方式が採用になったことにより，アポロ宇宙船のデザインも決定されました．宇宙船は全体として二つの大きな部分，司令・機械船（Command/Service Module, CSM, 図12.2左）と，月着陸船（Lunar Module, LM, 図12.2右）から構成されました．3名の飛行士は司令船（Command Module, CM）で飛行中の大部分の時間を過ごします．月軌道に入ると，2名の飛行士が月着陸船で月面に降下し，1名は司令・機械船に残ります．月面調査が終わ

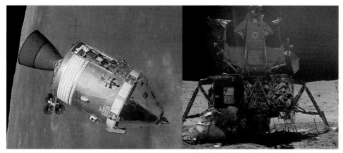

図 12.2 （左）司令・機械船（アポロ 16 号），（右）月着陸船（アポロ 16 号）
[NASA.（左）https://upload.wikimedia.org/wikipedia/commons/c/c0/Apollo_CSM_
lunar_orbit.jpg（右）https://upload.wikimedia.org/wikipedia/commons/thumb/2/2a/
Apollo16LM.jpg/1280px-Apollo16LM.jpg]

ると，2 名の飛行士は，月着陸船の下部を切り離して，上部に乗ってまた戻っ
てきます．司令船は写真の右側の先端の円錐部分で，3 人の宇宙飛行士を月軌
道に乗せ，また，帰りは大気圏に再突入させて海上に着水して，宇宙から帰還
させるように設計されていました．司令船の下部には，メイン・ロケットや水
や酸素のタンクなどを搭載した機械船（Service Module, SM）が接続されて
いて，大気圏に突入する直前に投棄されます．

　かくして，まず，アポロ 8 号が，1968 年に初めて有人で月周回軌道に入り，
無事帰還しました．そして，1969 年 7 月，アポロ 11 号は初めて有人で月着陸
に成功しました．

　採集された月試料はそれぞれアポロ 11 号が 21.55 kg，12 号が 34.30 kg，14
号が 42.80 kg，15 号が 76.70 kg，16 号が 95.20 kg，17 号が 110.40 kg，合計
380.95 kg でした．やはり，人間が見つけて状態がわかった岩石がアポロ計画
で採取された意味は大きいと思います．本書 3.5 節の月の年代学は，すべてア
ポロの月試料による成果です．

　図 12.3 には月探査機（ルナ計画，アポロ計画，サーベイヤー計画）の着陸
地点を示しました．

　その後，アポロのハードウェアを利用した「アポロ応用計画」が発案されま
したが，実行されたのはスカイラブ計画（1973 年 5 月〜 1974 年 2 月）と，ア
ポロ・ソユーズテスト計画（1975 年 7 月）だけでした．その後アメリカは

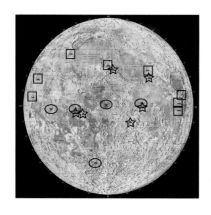

図 12.3　月探査機の着陸地点
四角はルナ計画，星印はアポロ計画，楕円はサーベイ
ヤー計画の着陸地点を示します．［NASA. https://upload.
wikimedia.org/wikipedia/commons/thumb/3/33/Moon_
landing_map.jpg/616px-Moon_landing_map.jpg］

1981 年 4 月にスペースシャトル・コロンビア号が初飛行を行うまで，人間が
宇宙に行くことはありませんでした．

　アポロ計画は多くの技術的・工学的分野を刺激しました．アポロ誘導コン
ピュータは，初期の集積回路研究の推進力となりました．また，燃料電池はア
ポロ計画で初めて実用化されました．コンピュータ数値制御（CNC）機械工
作も，アポロの構造部品製作に際して開発されたものでした．

13

彗星・太陽風サンプルリターン
―スターダスト計画とジェネシス計画―

本章では，NASA による，彗星と太陽風という二つのサンプルリターン
計画を紹介します．スターダスト計画の目的は，スターダスト探査機によ
り，彗星のコマ物質を回収して分析することでした．ジェネシス計画の目
的は，ジェネシス探査機により，太陽風の物質を回収して分析することで
した．いずれの計画も回収する物質に派手さがないものの，れっきとした
サンプルリターンミッションでした．ここでは，これら二つのミッション
の目的・方法・結果などについて学びましょう．

13.1　スターダスト計画――彗星物質のサンプルリターン

　スターダスト計画は，探査機スターダストによって，ヴィルト第 2 彗星とそ
のコマの探査を目的として 1999 年に打ち上げられ，2006 年に地球へ試料を持
ち帰りました．彗星のコマ物質と，さらには宇宙塵を地球に持ち帰るという，
世界で初めてのサンプルリターンを行いました．その後，延長ミッションとし
てテンペル第 1 彗星を探査し，2011 年 3 月に運用を終了しました．

　探査機スターダストは，まず 2000 年 3 ～ 5 月と 2002 年 7 ～ 12 月にかけて，
太陽系の外に起源を持つと思われる塵の粒子の流れとほぼ同じ方向に飛ぶのを
利用して，エアロゲル試料採集器（図 13.1）で星間物質を集めました．この
ときは採集器の裏側の面を使用しました．次に，2002 年 11 月には小惑星アン
ネフランクに 3200 km まで接近し，写真撮影をしました（図 10.8 左）．そして，
2004 年 1 月にはヴィルト第 2 彗星の尾の中に入り，写真撮影を行い（図
13.2），コマからの試料を採取しました．試料採集カプセルは，2006 年 1 月に

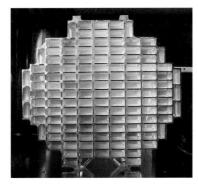

図13.1　（左）スターダストのエアロゲル試料採集器，（右）ジェネシスの太陽風採集アレイ
シリコン，アルミニウム，サファイア，金，ダイアモンド状炭素膜など15種類の高純度物質からなる.
[（左）NASA．http://stardust.jpl.nasa.gov/photo/spacecraft.html（右）NASA/JPL．https://upload.
wikimedia.org/wikipedia/commons/3/37/Genesis_Collector_Array.jpg]

図13.2　探査機スターダストによるヴィルト第2彗星核
直径約5km.［NASA.http://upload.wikimedia.org/wikipedia/
commons/3/3f/Comet_wild_2.jpg］

　ユタ州のグレートソルトレーク砂漠に，計算通り着陸しました．カプセルは地
球の大気圏に，人類が作った物体としては史上最速の秒速12.9kmという速
度で再突入しました.

　エアロゲル試料採集器は無事回収され，回収された宇宙塵は現在も分析が進
められており，これまでにカンラン石やグリシンなどが発見されています．
2014年には，NASAが分析結果を報告し，太陽系外からの可能性がある宇宙
塵が7個見つかったと発表しました.

　また，彗星試料の分析では，彗星が太陽や惑星などの原材料物質であること
を示すとともに，高温下で形成されるカンラン石などを発見しました．高温下
で形成される物質の発見は，太陽に近い場所で形成された物質が，彗星が形成

される太陽系外縁部まで移動する必要があることを意味します．そのため，彗星形成理論の再構築を必要としました．

ジェネシス計画——太陽風のサンプルリターン

　ジェネシス探査機は，2001年8月打ち上げ，2001年12月〜2004年4月までラグランジュ点（L1）（9.7節参照）で，4枚の太陽風採集アレイ（図13.1右）を展開して，2年3か月間太陽風試料を採取した後，2004年9月地球へ帰還しました．目的は，太陽からのイオン（太陽風）の組成とそれらの同位体組成を正確に決定し，太陽の軽元素組成と同位体組成を正確に決定することでした．特に太陽の酸素・窒素同位体組成の決定は重要な目的でした．なお，月以遠の場所では初めてのサンプルリターンミッションです．

　回収カプセルが地球の大気に突入後，パラシュートが開いて十分減速された後，ヘリコプターが空中で回収する予定が，パラシュートは開かずに，311 km/hで地面に激突しました．設計図が誤っていたことが原因でした．サンプル回収カプセルは割れてしまい，誰もが失敗と思いましたが，落下したのが砂漠で，液状の水がなかったことが幸いしました．試料アレイの多くが破損を免れ，砂や埃の汚染除去が進められて，3年後から順次成果が公開されてきています．

　希ガスの成果についてはメシックら（Meshik et al., 2007）が，ネオンとアルゴン同位体組成について発表しました．月の石からの太陽風の結果と，矛盾のない結果が得られました．

　また，ジェネシス計画の目玉であった，太陽の酸素同位体組成は，マッキーガンら（McKeegan et al., 2011）が，地球・火星といった岩石惑星の酸素同位体比 $^{17}O/^{16}O$ と $^{18}O/^{16}O$ に比べて，太陽のそれが7％も軽いという，驚くべき結果を発表しました．

　窒素同位体組成についても，マーティら（Marty et al., 2011）が，測定された $^{15}N/^{14}N$ は，地球のそれ（2.27×10^{-3}）よりも40％も低く，これまで知られていた，いかなる太陽系物質よりも軽いということを報告しました．

14

S 型小惑星サンプルリターン
―はやぶさ―

この章では，小惑星サンプルリターン計画のうち，成功裏に終わった「はやぶさ」について復習しましょう．はやぶさは S 型小惑星 25143 イトカワの詳細な地図を描くとともに，表面から，岩石微粒子を採取することに成功しました．本来なら数 g の試料が回収されるべきだったのが，人為的ミスなどにより「多くの」微粒子に終わったのが残念でした．しかしながら，初めてのチャレンジでこれほどの成功に終われたのは人間の力です．

14.1 はじめに――探査機はやぶさ

　探査機はやぶさはサンプルリターン探査に必須となる技術を実証することを目的とした工学技術実証のための探査機で，イオンエンジン・自律航法・標本採取・サンプルリターンという四つの重要技術の実証を目的としていました．

　当初探査機はやぶさは，打ち上げ時は 4660 ネレウスという小惑星をターゲットにしていました．しかし，そこへ行くには燃料が足りないことが判明し，より近くにある 1989 ML（10302 番）を目標にしました．しかし，打ち上げロケットが不具合を起こし，打ち上げが 1 年以上遅れてしまい，そこで，一番行きやすい 1998 SF$_{36}$，25143 番小惑星を目標にすることになりました．宇宙科学研究所は命名権を持つ LINEAR[*12] に，日本のロケット開発の父，糸川英夫の名をつけるように依頼し，国際天文学連合は ITOKAWA と命名しました．

[*12] アメリカ空軍・NASA・MIT リンカーン研究所が共同運営している，地球近傍小惑星発見・追跡プロジェクト（LIncoln Near-Earth Asteroid Research，略して LINEAR）．

　かくして 2003 年に打ち上げられた日本の探査機はやぶさは，打ち上げの 2005 年に S 型小惑星 25143 イトカワへ到着し，至近距離からの詳細な観測を行いました．その後，はやぶさはイトカワに，不時着のように接地し，離脱しました．2010 年 6 月に無事地球へ帰還し，サンプル容器を収めたカプセルは無事回収されて容器内の微粒子の解析が行われ，同年 11 月に，回収された微粒子のほとんどが小惑星イトカワ由来であると結論されました．

 14.2 探査機の詳細——観測装置・ミネルバ・イオンエンジンなど

　図 14.1 に，探査機はやぶさの搭載機器を示しました．以下，詳しい説明をしま

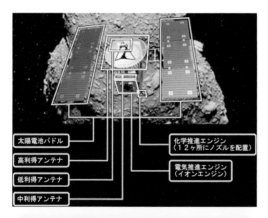

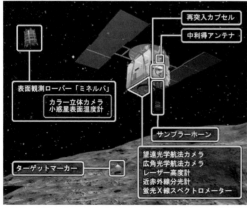

図 14.1　探査機ハヤブサの搭載機器 [JAXA・ISAS/MEF/ 池下章裕．JAXA ウェブサイトから引用．（上）http://spaceinfo.jaxa.jp/hayabusa/about/images/apparatus_illust1.gif（下）http://spaceinfo.jaxa.jp/hayabusa/about/images/apparatus_illust2.jpg]

す（Credit: JAXA. http://spaceinfo.jaxa.jp/hayabusa/about/apparatus_p.html）.

(1) 探査機の観測装置

- 望遠光学航法カメラ（OCN-T および AMICA）　1基のカメラで小惑星の詳細地形モデルの作成や着陸点の選定に使用しました. 100万画素の CCD カメラで，科学観測用の AMICA（小惑星マルチバンドイメージカメラ）としても使用しました.
- 広角光学航法カメラ（ONC-W）　2基のカメラで航法に使用しました. 100万画素の CCD カメラで，画像と距離情報により3次元の相対位置を測定可能でした.
- レーザー高度計（LIDER）　レーザー光を照射し反射した光が戻るまでの時間から距離を測る装置で，測距距離範囲は50m～50kmでした.
- 近赤外線分光計（NIRS）　太陽のイトカワ表面反射光を分光し, 0.85～2.1 μm の近赤外線波長を調べ，鉱物の種類や表面の状態を測定しました.
- 蛍光X線スペクトロメーター（XRS）　太陽X線により励起されたイトカワ表面からの蛍光X線を観測しました. エネルギー検出帯域は0.7～10keVでした.

(2) 表面観測ローバー「ミネルバ」

直径120mm, 高さ100mm の16角柱で，ホッピング用振動子2個を持ちイトカワ表面を移動する予定でした. カラー立体カメラと小惑星表面温度計を持ちました.

(3) サンプルリターン

- サンプラー　3個のタンタル製弾丸（重さは5g）を火薬によりイトカワ表面に打ち出し，破砕された表面物質がサンプラーホーンを伝わりカプセル内に収納される仕組みでした.
- サンプラーホーン　打ち上げ後すぐに伸展され，1000mm の長さになりました. アルミ合金製の固定ホーン部と布製ホーン部から構成され，伸展時の下部内径は150mm でした.

(4) 再突入カプセル

小惑星表面より採集したサンプルを地球に持ち帰るための直径40cm, 重量16kg の装置で，再突入の大気摩擦からサンプルを保護するためのアブレーター，サンプルコンテナ，パラシュート，ビーコン送信装

置などから構成されていました.

(5) その他の搭載機器

- 電気推進エンジン（イオンエンジン）　冗長（予備）1 基を含み 4 基（惑星間推進用）搭載し，惑星間航行用メインエンジンとして，4 基のうち最大 3 基を同時に使用可能でした.

- 化学推進エンジン（スラスター）　ノズル 12 基（姿勢制御用）を組み合わせて，惑星間航行時の姿勢制御および小惑星到着時の近接運用のときに，2 液式化学エンジンを使用しました.

- 太陽電池パドル　ガリウムヒ素セルが貼られた 4.2 m×1.4 m×2 翼の太陽電池パドルにより 1.0 AU においておよそ 2.6 kW の電力を発生しました.

- バッテリー　重さ約 7.6 kg，容量 13.2 Ah のリチウムイオン二次電池を搭載しました.

- 高利得アンテナ　直径 1.6 m，重量 7.3 kg，送信出力 20 W（X-band）の単一指向性パラボラ形アンテナ（Z 軸向き）を 1 基搭載し，通信速度は最大 8 kbps でした.

- 中利得アンテナ　単一指向性の矩形ホーン形アンテナを 2 基搭載し，1 基は Y 軸回りにおよそ 115 度回転し，重量 1.7 kg でした. 残る 1 基は固定式で，重量 490 g でした. 送信出力は 20 W（X-band）で，通信速度は最大 8 kbps でした.

- 低利得アンテナ　アンテナを 3 基装備しました. 高利得アンテナの上部に 1 基，底面に 2 基装備し，重量はそれぞれ 60 g，390 g，124 g でした. 送信出力 20 W（X-band）で，通信速度は最小 8 bps でした.

- ターゲットマーカー　小惑星タッチダウン用の人工目標物で 3 基搭載しました. また，うち 1 基には 149 か国 88 万人の希望者の名前が印字されました. 直径 10 cm のアルミ球殻にフラッシュランプを高効率で再帰反射させるフィルムが添付され，反発係数が 0.1 以下になるようポリイミド小球を内蔵しました. マーカー本体 1 基の重量は 280 g でした.

14.3　はやぶさの試料回収方法——実際の試料回収ドラマ

14.3.1　試料回収方法

　はじめに，試料回収方法について説明しておきます．探査機はやぶさは（以下「はやぶさ」と省略します）試料回収に最適な「ミューゼスの海」（図 14.2 上のイトカワ中央にみられる平坦な場所）にできるだけ近づき，ターゲットマーカーを投下します．はやぶさは，ターゲットマーカーを頼りにしてイトカワの地表へ降下します．サンプラーホーンと呼ばれる筒（図 14.1 下で，探査機から下に伸びている筒）が接地と同時に弾丸を筒の内部で発射し，地面から跳ね返って来た物質を回収します．筒の反対側にはサンプルコンテナを持つ再突入カプセルがあります．試料は低重力のために舞い上がり，一部は，レボルバー式の，2 回分の試料を分けて回収可能な，サンプルコンテナへと入っていく仕組みです．

14.3.2　ミネルバ放出（第 2 回目リハーサル）

　2005 年 11 月 12 日，「ミューゼスの海」への緩降下を試みました．はやぶさはイトカワの高度約 1.4 km から降下を開始し，イトカワの表面から約 55 m まで接近しました．地上局から探査ロボット「ミネルバ」放出の指令が発信され，約 16 分後，指令がはやぶさに届き，はやぶさからミネルバは無事放出されました．ミネルバは分離後に，はやぶさの太陽電池パドルの撮影に成功しました．ミネルバは分離後 18 時間もデータを送信し続けましたが，イトカワ表面には到達せず，行方不明となってしまいました．

14.3.3　1 回目着陸

　11 月 19 日 21:00，はやぶさは約 1 km の高度から秒速約 4 cm で降下を開始しました．翌 11 月 20 日 4:30，高度 450 m で，はやぶさは秒速 12 cm に上げて降下しました．同 4:33，地上からの指令で最終の垂直降下を開始しました．5:30 には高度 40 m となり，はやぶさは 88 万人の名前を刻んだターゲットマーカーを分離しました．これは表面に無事着地しました．高度 35 m（5:47）で，

はやぶさはレーザー高度計から近距離レーザー距離計（LRF）に切り替えました．近距離レーザー高度計を使って制御しながら降下するのは初めてです．高度 17 m（5:40），はやぶさは地表面の傾斜に自分の傾きを合わせる，姿勢制御モードに移行しました．

6:00 になって高度 10 m 付近から高度データが変化しなくなりました．実は，はやぶさは，後のデータ解析により 6:10 頃 2 回の接地を経て，約 30 分間イトカワ表面に着陸していたことが判明しました．これを世界初の小惑星への軟着陸に成功と書く向きもありますが，ニア・シューメーカーが小惑星に軟着陸したのが世界初だと思います．

ハヤブサは，6:58 に地上からの指令で強制的にガスジェットを噴かして上昇しました．月以外の天体において，着陸したものが再び離陸を成し遂げたのは世界初です．さらに，地上からセーフ・ホールド・モードにするためのコマンドが送られました．セーフ・ホールド・モードとは，太陽電池パドルの面を太陽に正対させたままスピンがかかっている状態です．100℃を超すイトカワ地表の温度であぶられたために通信系が不完全となり，探査機の状態が不明となりました．中利得アンテナによる交信は回復して，はやぶさがセーフ・ホールド・モードに入っていることが確認できました．イトカワから数十 km まで遠ざかってしまっていたようです．後のデータ解析の結果，降下途中に何らかの障害物を検知したため，試料採取のための弾丸が発射されなかったことが判明します．

14.3.4　2 回目着陸

11 月 25 日 22:00 から，第 2 回の着陸に向けて，高度約 1 km から降下を開始しました．翌 11 月 26 日 6:00，第 1 回目とほぼ同じ「ミューゼスの海」の西方に向かって垂直降下を開始しました．はやぶさは，このフェーズにはいると自律航行となります．同日 6:25，はやぶさは降下中に，署名入りターゲットマーカーを確認しました．6:54，高度 40 m に到達した地点で，はやぶさ自身が毎秒 6 cm の減速を行いました．はやぶさは，高度 30 m 地点で，レーザー高度計を近距離レーザー高度計に切り替えました．7:00 に高度約 7 m でホバリングし，姿勢制御モードに移りました．7:04, はやぶさはサンプラー制御モー

ドへと変更し，下向きに毎秒約 4 cm の速度を加えて着陸降下をしました．は
やぶさは，第 2 回目の着陸を試料採取ホーンの変形により検知して，3 回目の
接地に成功しました．7:07，採取量を増やすために試料採取のための弾丸が
0.2 秒の間隔をおいて 2 発発射されたはずだったのですが，後の 12 月 6 日に
試料採取のための弾丸発射の記録を取得すると，弾丸が 2 発とも発射されな
かった可能性が高いことが判明しました．着地速度は 10 cm/s で，サンプラー
ホーンは着地の勢いで 10 cm ほど縮みました．そこから約 1 秒後，はやぶさ
は地表面に鉛直上方に秒速 50 cm にて上昇して，離陸します．7:35 には，管
制室のコンピュータに「WCT」の文字が現れました．これは，着陸シーケン
スがすべて正常に動作したことを意味します．

14.3.5　帰還への長い道のり

　同日午前 11 時前に，化学推進エンジンにトラブルが発生し，上昇中に姿勢
が乱れました．地上から燃料弁を閉じる指令を発信し，はやぶさはセーフ・ホー
ルド・モードに入りました．翌 11 月 27 日に化学エンジンの推力低下が判明し，
姿勢や通信系などはやぶさの主要なシステムの機能も低下しました．漏洩した
燃料の気化にともない，多くの機器に大幅な温度低下が発生しました．そのた
め，発生電力の低下によりバッテリに深い放電が発生し，搭載機器，システム
全般の電源系が広い範囲でリセットしたと推定されました．

　翌 11 月 28 日，とうとうはやぶさとの通信ができない状態に陥ってしまいま
す．しかし，11 月 29 日の午前 10 時過ぎに，低利得アンテナによるビーコン
回線が回復し，はやぶさと通信ができるようになります．はやぶさの，推進系
を除く各機器の状態は正常でした．12 月 1 日には低利得アンテナで，テレメー
タデータの取得ができるようになりました．

　探査機の姿勢が乱れていることが 12 月 3 日に判明しました．イオンエンジ
ン用のキセノンガス噴射による緊急姿勢制御を決め，運用ソフトウェアの作成
を開始し，翌日にはソフトウェアが完成します．ガス噴射による姿勢制御を行
い，成功しました．12 月 5 日には，中利得アンテナでテレメータデータを受
信できるまで復旧しました．そして，翌 12 月 6 日に，弾丸発射の記録を取得し，
弾丸が発射されなかったことが判明します．

　しかし，12月9日に地上の管制センターとはやぶさの交信が途絶してしまいます．年は明けて2006年の1月23日，はやぶさからのビーコン信号が3か月ぶりに受信され，はやぶさとの交信が再開しました．

　そして，2010年6月13日，計画通り，オーストラリア南部ウーメラの砂漠に，カプセルが無事落下し，翌日カプセルを回収しました．

14.4　25143 イトカワ―― S型小惑星とその試料

　事前には，イトカワは地球近傍小惑星（NEA）のアポロ群に属す，S型小惑星ということしかわかっていませんでした．探査機が近づくにつれ，平均半径160 m，長径500 m の，図14.2のようなラッコ型，もしくはへちま型ということが判明してきました．表面は，レゴリス（表面の砂の層）が堆積する滑らかな地域と，岩塊が非常に多い凸凹した地域に分けられました．レゴリスに覆われていない裸の小惑星の姿が観測されたのは史上初めてのことです．

　サンプル容器から微粒子の採集は2010年7月6日に開始されました．そして，同年11月16日には，回収された微粒子のほとんどすべてがイトカワ由来であることが発表されました（サンプル容器をかきとったへらの電子顕微鏡写真を図14.3に示しました）．これは世界初の小惑星からのサンプルリターンとなり

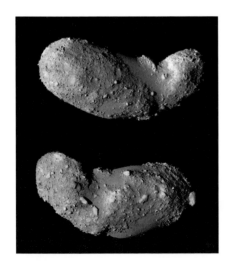

図14.2　小惑星25143イトカワ
2005 年 9 月撮影. [JAXA/ISAS. JAXA ウェブサイトから引用. （上）http://spaceinfo.jaxa.jp/hayabusa/photo/images/itokawa04_large.jpgorg/wikipedia/commons/thumb/d/d8/Itokawa-1.jpg/800px-Itokawa-1.jpg （下）http://spaceinfo.jaxa.jp/hayabusa/photo/images/itokawa05_large.jpg]

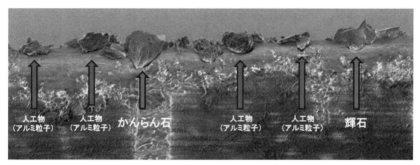

図14.3　サンプル容器をかきとったへらの電子顕微鏡写真
縮尺は不明ですが，カンラン石の横幅が 100 μm 程度と思われます．〔JAXA ウェブサイトから引用．
http://spaceinfo.jaxa.jp/hayabusa/photo/images/hayabusareturn_14.jpg〕

ました．

　JAXA は，はやぶさに送られた命令列中に弾丸発射命令が存在していなかっ
たというミスがあったことを認めますが，サンプラーホーンの接地によって，
微小重力のために，舞い上がった微粒子状のものが回収されていることを期待
する，と発表していました．

　結果論ではありますが，弾丸発射命令があったら，mgからgオーダーの，もっ
とたくさんの試料が回収されたはずです．ハードウェアには問題がなかったよ
うなので，悔やまれるというよりは，やはり重大な人為的ミスであったと考え
られます．サンプルリターンで最も重要な部分が人為的ミスで失敗したわけで
す．映画「アポロ13」では，プログラムはシミュレーターでテストをした後，
命令列を復唱しながら打ち込んでいったように記憶します．そこまではできな
いにせよ，せめてプログラムの打ち込みぐらい複数の人で確認しながらやって
いたらと，後悔されます．

14.5　はやぶさの科学的成果——小惑星の形状と微粒子からのモデル

　はやぶさにより，イトカワが540×270×210 mという，二つの大きな塊がくっ
ついたような形であることが初めて解明されました（図14.2参照）．広範囲に
多くの，最大50 mの岩塊（図11.2下の右端の岩塊）が分布しています．普通，
岩塊は表面にクレーターが生成されるときの破片と考えられています．そして，

クレーターの大きさと放出される最大破片の大きさには経験則があります．しかし，50 m という岩塊は，イトカワにある一番大きなクレーターでも生み出せないほど大きいということがわかりました．これはイトカワの形成過程を知るうえでの大きな手がかりとなりました．おそらく，イトカワよりも大きな母天体があり，それが破壊されて，再集積したものがイトカワで，同時に出た細かい破片が周りに降り積もった，と考えられます．

さらに，大きな割れ目の入った岩塊も発見されています．このような割れ目がどうしてできたのかは，今後の研究課題です．

また，体積と質量から，内部の約 40％は空隙の，瓦礫を集めたようなラブルパイル天体と考えられました．分光観測と微粒子の分析から，普通コンドライトの LL4 ～ LL6（隕石の分類は 8.1 節参照）に相当すると考えられました．直径 20 km 程度の母天体が大きな衝突によって破壊され，その瓦礫が再集積することでイトカワが形成されたと結論されました．

また，重力の弱いイトカワでは表面の物質が惑星間空間に逃げ続けているということもわかってきました．

著者が属していたグループも，遅ればせながら微粒子 6 個を入手し，それらを分析することにより，試料が激しい宇宙風化を受けていることを 2012 年に発表しました（Nakamura et al., 2012）．

15

C型小惑星サンプルリターン
—はやぶさ2—

この章では，現在進行中の「はやぶさ2」について学びましょう．はやぶさ2はC型小惑星162173リュウグウから，岩石試料を採取することを目的にしています．さらに，衝突装置により，小惑星内側の岩石試料を採取することも目的にしています．ここでは，帰還までの，はやぶさ2のサンプルリターンの流れを追うことにします．

15.1　はじめに——探査機はやぶさ2

　宇宙科学研究所では，JAXAの一部になる前から，ロケット工学や宇宙工学での新技術の開発を中心とした「工学ミッション」（工学のためのロケット打ち上げ）と，すでに完成している技術を主に用いてサイエンスを推し進める「理学ミッション」（理学のためのロケット打ち上げ）を交互に行ってきました．これは，限られた予算でのロケット打ち上げの機会で，なるべくたくさんのプロジェクトを公平に行っていくための宇宙科学研究所の方策でした．

　前章に述べた「はやぶさ」は，「工学ミッション」であり，S型小惑星への軟着陸に成功し，微粒子を回収し，地球へ戻ることができました．工学ミッションとしては大成功でした．この成功に基づき，「理学ミッション・はやぶさ2」が計画されました．2006年，はやぶさ2の検討が開始され，2007年，はやぶさ2プロジェクト準備チームが発足，2010年に，はやぶさが帰還すると，2011年に，はやぶさ2プロジェクトチームが正式に発足しました．

　ターゲットとした小惑星は，仮符号1999 JU₃で，小惑星番号162173でした．この小惑星はLINEARにより発見されたものを，JAXAがRyuguと登録を依

頼し，2015年に正式にRyuguとして認められたものです．リュウグウは，C型小惑星で，太陽系が生まれた頃（今から約46億年前）の水や有機物が，今でも残されていると考えられています．はやぶさ2の理学的目的は，まず，地球の水はどこから来たのか，生命を構成する有機物はどこでできたのか，という疑問を解くことです．また，最初にできたと考えられる微惑星の衝突・破壊・合体を通して，惑星がどのように生まれたのかを調べることも，はやぶさ2の目的です．つまり，はやぶさ2は，生命誕生と太陽系の誕生の秘密に迫ることが目的です．

　また，三つの新しい工学的技術目標も掲げられました．一つ目は，一つの天体の複数地点からのサンプル採取技術です．これらは人類がまだ達成したことがなく，宇宙探査の自在性を格段に上げる技術です．二つ目は，人工クレーター作成技術で，やはり，はやぶさ2ではじめて計画された未踏技術です．三つ目は，はやぶさが達成したサンプルリターンに関わる主要技術（電気推進航行，光学航法，サンプリング，リエントリ）を成熟させることです．

　三つ目の目標は，基本的に，はやぶさの不具合を徹底的に調査し，これらの問題を解決すればよいはずです．二つ目の人工クレーター技術は，太陽風（太陽からの宇宙線）で「宇宙風化」した表面を削り取り，主に内部の新鮮な部分の試料を採取するという，画期的な技術の開発です．（この技術を応用すれば，宇宙で戦争が起きた場合に，敵の衛星に近づいて破壊するということもできます．杞憂であればいいですが……．）

　かくして，はやぶさ2は，2014年に打ち上げられました．リュウグウ到着が2018年6月，1回目のタッチダウンと試料回収が2019年2月，衝突装置起動が同年4月，7月に2回目の小惑星内部試料回収を無事おこない，すべて成功しました．リュウグウを2019年11月に出発し，地球帰還は2020年末の予定です．

15.2 探査機の詳細──搭載機器と観測項目

　はやぶさ2の外観と搭載機器を図15.1に示しました．はやぶさとの違いに重点を置いて説明することにします．

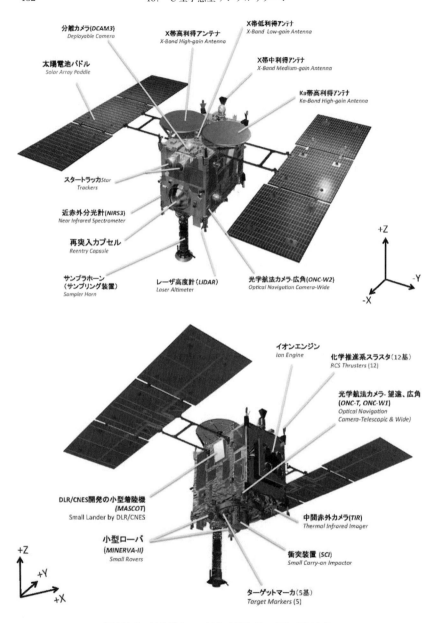

図 15.1　はやぶさ 2．（上）上面から．（下）下面から
[JAXA ウェブサイトから引用．はやぶさ 2 プロジェクトチーム，はやぶさ 2 情報源，ver.2.3，2018.07.05，pp.17-18.]

(1) 探査機の観測装置

- 光学航法カメラ（ONC）　　直下望遠カメラ，ONC-T と，直下と側方の二台の広角カメラ，ONC-W1，W2 からなります．探査機誘導と科学計測のために恒星と探査小惑星を撮像します．観測項目は，小惑星の形状・運動の観測，表面地形の全球観測，表面物質の分光特性の全球観測，試料採取地点付近の高解像度撮像です．

- レーザ高度計（LIDAR）　　パルス方式のレーザ高度計で，測距距離範囲は 30 m ～ 25 km です．宇宙線対象天体への接近，着陸時に用いられる航法センサであるとともに，形状測定・重力測定・表面形状測定・ダスト観測に用いる科学観測機器でもあります．

- 近赤外分光計（NIRS3，3 は 3 μm より）　　近赤外領域の 3 μm 帯の反射スペクトルには水酸基や水分子の赤外吸収が見られるので，3 μm 帯の反射スペクトルを測定することで，小惑星表面の含水鉱物の分布を調べます．空間分解能は高度 20 km で 35 m，高度 1 km で 2 m です．

- 中間赤外カメラ（TIR）　　小惑星からの熱放射の 2 次元撮像（サーモグラフ）をして，小惑星表面の物理状態を調べます．砂のように細粒や，空隙の多い岩石では表面温度の日変化は大きく，中身が詰まった岩石は小さい日変化なので区別できます．

(2) 探査ローバ

はやぶさとの大きな違いは探査ローバを 4 機も搭載したところです．

- MINERVA-II-1　　ISAS の MINERVA-II チームと会津大学との協力による，はやぶさに搭載したミネルバの後継機です．ローバは 1.1 kg，直径 18 cm×高さ 7 cm で 2 機をはやぶさ 2 に搭載しました．1 機に広角とステレオのカメラ，温度センサ，フォトダイオード，加速度計，ジャイロを搭載しています．ローバはホップして移動し，探査を行います．

- MINERVA-II-2　　大学コンソーシアム（東北大学が中心となり，東京電機大学，大阪大学，山形大学，東京理科大学）が共同研究開発した探査ロボットです．ローバは約 1 kg，直径 15 cm×高さ 16 cm．カメラ，温度センサ，フォトダイオード，加速度計を搭載しています．移動機構は 4 種類（環境依存型座屈機構［山形大］，板バネ式座屈機構［大阪大］，偏心モータ型マイクロホッ

プ機構［東北大］，永久磁石型撃力発生機構［東京電機大］）と多彩なものを
搭載しています．

- MASCOT（Mobile Asteroid Surface Scout）　　DLR（ドイツ航空宇宙セン
  タ）と，CNES（フランス国立宇宙研究センタ）により製作された着陸機で，
  1度だけジャンプして移動可能．広角カメラ，分光顕微鏡，熱放射計，磁力
  計を搭載しています．

(3) サンプリング装置

- サンプラホーン　　基本設計ははやぶさと同じですが，試料室を3部屋に増
  加しました．試料室の密閉は，これまではゴムのOリングでしたが，希ガ
  スも密閉して持ち帰れるように，新開発のメタルシール方式を採用しました．
  また，砂礫（1〜5 mm）をひっかけるために，ホーン先端に小さな折り返
  しが作ってあります．はやぶさ2が上昇中に停止すると，砂礫はそのまま上
  昇を続けて試料室に入る仕組みです．

- CAM-H　　はやぶさ2を応援する人たちからの寄付金により製作・搭載され
  た小型モニタカメラで，サンプラホーンを撮影します．最終降下59秒前か
  らスタートする自動シーケンスで撮影します．

(4) 衝突装置と分離カメラ

- 衝突装置（Small Carry-on Impactor, SCI）　　厚さ5 mm, 2 kgの純銅板（ラ
  イナ）を爆薬で，約1 msecで約2 km/sに加速し衝突させます．爆薬で小
  惑星表面物質を吹き飛ばす方法より，小惑星表面の汚染が少ないことが特徴
  です．図15.2aはSCIの断面図（直径265 mm, 黒ぬりのろうと形部分が爆薬，
  爆薬4.7 kg, 全重量9.5 kg），図15.2bはSCIの爆薬部立体図（底面に銅板

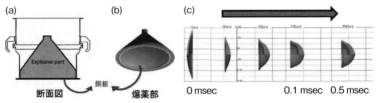

図15.2　(a) SCI断面図，(b) SCI立体図，(c) ライナの爆発時間からの変形
［JAXAウェブサイトから引用．はやぶさ2プロジェクトチーム，はやぶさ2情報源, ver.2.3,
2018.07.05, pp.33-34.］

を添付），図 15.2c は，爆発からの時間に対するライナの変形を示します．ライナはヘルメット型に変形して飛んでいきます．

　衝突体が衝突する前後の表面の変化から，内部構造を探査し，露出した地下物質のリモート観測から表面物性を調査します．衝突体によって作られたクレーターからのサンプリングも行い，表層下の「新鮮な」物質を採取し，表面物質との違いを調査します．実際の小惑星において「宇宙衝突実験」を行うことで，天体衝突科学に必要なデータを得ることも目的です．

- 分離カメラ（Deployable Camera 3, DCAM3）　DCAM3 の工学的目的は SCI の動作確認です．理学的目的は衝突射出物（イジェクタ）の放出過程を連続撮像し，小惑星表面状態とイジェクタの放出現象の関係を明らかにします．また，ライナの着弾点の同定を目指し，小惑星上での衝突クレーターの形成過程を明らかにすることも目的です．

(5) 化学推進エンジン　はやぶさ及び金星探査機あかつきで生じた不具合の対策として推薬の配管系統を改良しました．さらに，はやぶさタッチダウン（2回目）直後に発生したリークを踏まえ，バルブ洗浄方法・気密試験の強化・溶接個所の削減・溶接手順見直しなどを行っています．はやぶさリーク後の両系統の配管凍結を踏まえ，A 系・B 系の配管ルートを分離・独立した熱制御を行います．あかつきの金星周回軌道への投入失敗を踏まえ，燃料・酸化剤調圧系を完全分離しました．衝突実験実現のため，衝突退避のための長時間噴射，クレーター内部への着陸のための短パルス噴射の確認もしました．さらに，酸化剤の取り出しを，酸化剤の表面張力利用方式に変更してあります．

(6) 通信系　高速通信のために，新規に Ka 帯通信系を追加しました．Ka 帯とは，above K の略で，旧 NATO の K 帯の上部を意味し，$26.5 \sim 40\,\mathrm{GHz}$ の帯域のことです．X 帯に比べて約 4 倍のデータを伝送できます．高利得アンテナを平面アンテナにしました（図 15.1 上参照）．結果として，X 帯（$7 \sim 8\,\mathrm{GHz}$）と，Ka 帯（$32\,\mathrm{GHz}$）の 2 基の高利得アンテナで通信が可能となりました．Ka 帯の受信基地局が国内にはないので，海外の追跡局を利用します．

(7) その他の搭載機器

- イオンエンジン　　　推力を増強し，耐久性も増しました．
- ターゲットマーカ　　三つから五つに増やしました．

- リアクションホイール（姿勢制御装置）　　はやぶさでは3台中2台故障したので,4台搭載し,運用も新技術の「ソーラーセイルモード」を利用します.これは,リアクションホイールを一つだけ使い,太陽電池などに作用する太陽光の圧力を利用して姿勢を維持します.2.5年の巡航中,9か月間,ソーラーセイルモードで姿勢を太陽に向け続けます.

 ## 15.3　C型小惑星リュウグウ——外観とサンプルリターン

　はやぶさがS型小惑星のサンプルリターンに成功したので,はやぶさ2は,世界初のC型小惑星のサンプルリターンを目指すことになりました.ターゲットは,アポロ群に分類される地球近傍小惑星の一つ,1999 JU$_3$,後の162173リュウグウです.そして,2018年,はやぶさ2は,162173リュウグウ上空に到達しました.リュウグウは直径700 mと判明し,炭素質コンドライトからなるC型小惑星であることが確認できました（図15.3参照）.

　2019年2月20日〜22日,1回目のタッチダウンを行い,2月22日に着陸に成功し,CAM-Hからは,十分な量の試料が採取されたと判断されました（図15.4）.サンプルは最大20 g,最低でも1 gを目標としています.サンプルは3室（A室,B室,C室）あるうちの,試料室Aのふたを開放したまま,赤道のとんがった部分（赤道リッジ）から採取されました.これは,赤道リッジにはより新鮮な物質が露出していることが,画像解析から判明したためです.タッチダウンから40分後,試料室Aのふたを閉め,タッチダウン運用は終了しました.試料室はレボルバー式のため,試料室Aのふたを閉めると,自動的に試料室Bのふたが開放となります.

　2019年4月5日,2 kgの純銅からなる衝突体を爆圧にて衝突させ,人工クレーターの作成に成功しました（図15.5右参照）.

　2回目のタッチダウン試料は,爆圧で吹き飛んだ地下試料が多い,人工クレーターの左上20 m,半径3.5 mの領域から採集すると決定されました.ここならば岩塊も少なく,最小限の危険で,タッチダウンできると判断されたからです.そして7月11日に2回目のタッチダウンを行い,無事試料採取に成功しました.試料はC室を用いて行われました.その後,試料室を閉め,試料は

図 15.3　2018 年 6 月 30 日，ONC-T で約 20 km の距離から撮影されたリュウグウ
右図は左図の真裏にあたります．なお，リュウグウは地球と反対回転のために，リュ
ウグウの北極が上にくるように画像を回転してあります．［JAXA ウェブサイトから引用．
JAXA，東京大，高知大，立教大，名古屋大，千葉工大，明治大，会津大，産総研．（左）http://
www.hayabusa2.jaxa.jp/topics/20180711je/img/fig1.jpg（右）http://www.hayabusa2.
jaxa.jp/topics/20180711je/img/fig2.jpg］

図 15.4　CAM-H による，タッチダウン後
の上昇直後のサンプラホーン先端
の映像（高度 8 m）
［JAXA ウェブサイトから引用．2018 年 3 月 5 日
の「はやぶさ 2」記者説明会資料，p.26.］

再突入カプセルへと納められました．あとは地球への帰還を待つだけです．

　はやぶさ 2 はリュウグウを 2019 年 11 月に出発し，地球帰還は 2020 年末の
予定です．

15.4　はやぶさ 2 の科学的成果——リュウグウの形状と起源

　はやぶさ 2 が帰還する前から，物理計測によっていくつかの科学的成果がす
でに得られています．ここではそれらについて簡単に述べることにします．

SCI 衝突前　2019/03/22　　　　SCI 衝突後　2019/04/25

図 15.5　リュウグウへの衝突体（SCI）の（左）衝突前，（右）衝突後クレーターの横幅約 40 m，縦 20 m．クレーターが掘れて，より黒い内部物質が露出したのがわかります．［JAXA ウェブサイトから引用．JAXA，東京大，高知大，立教大，名古屋大，千葉工大，明治大，会津大，産総研．2019 年 5 月 22 日の「はやぶさ 2」記者説明会資料，p.20．https://fanfun.jaxa.jp/jaxatv/files/20190522_hayabusa2_0528.pdf］

　まず，リュウグウの「そろばん玉型」または「コマ型」という形状（図15.3 参照）は，かつて高速自転していた頃に遠心力でできたと考えられています．今は 7.6 時間の自転周期も，できた頃は 3.5 時間とすると今のような形状になると計算されています．再集積時にすでに高速回転していたか，再集積後に「YORP 効果」によって 1 度自転速度が上がったかのどちらかと考えられています（「YORP 効果」については 10.4 節を参照）．

　はやぶさ 2 搭載の近赤外分光計からは，リュウグウの表面には含水鉱物の形で水が存在しており，加熱や衝撃を受けた炭素質コンドライトの組成に似ていることが判明しました．また，リュウグウの全体密度は 1.19 ± 0.02 g/cm^3 と低いことも明らかになりました．炭素質コンドライトの粒子密度を使うと，空隙率は 50% 以上となり，「はやぶさ」が訪れたイトカワの 44 ± 4% よりもはるかに高く，破壊された母天体の破片が再集積して形成された「ラブルパイル天体」である可能性が高くなりました（渡邊ら，2019）．

　リュウグウの起源としては，はやぶさ 2 の観測結果から，リュウグウは，母天体（14 億年前に 142 ポラナ，または 8 億年前に 495 オイラリア）が破壊された破片が再集積して形成されたラブルパイル天体であると考えられています．すると，次章で扱うオシリス・レックスが目指したベンヌと同じ起源で，

兄弟小惑星という可能性が高くなります.

　さて, どんな試料が回収されたのか, 地表と内部の物質にどのような差が見られるのか, 非常に楽しみです. 2020年末には, はやぶさ2も地球に無事帰還していることと思います. 素人としても, 科学者としてもワクワクせざるを得ません.

16

B型小惑星サンプルリターン
―オシリス・レックス―

この章では，小惑星サンプルリターン計画のうち，現在進行中のアメリカ
の「オシリス・レックス」について学びます．オシリス・レックスはB
型小惑星101955ベンヌの探査と，最大2kgという大量のサンプルリター
ンを目的にしています．ここでは，帰還までの，オシリス・レックスのサ
ンプルリターンの流れと，現在までの成果を追うことにしましょう．

16.1　はじめに――オシリス・レックス計画

　NASAが2016年に打ち上げたオシリス・レックス（OSIRIS・REx；オサイ
ラス・レックスと発音するのが正しいようですが，本書ではオシリス・レック
スと表記します）は，「アメリカ版はやぶさ」または「NASA版はやぶさ」と
いうのがぴったりな探査機で（アメリカ人からすれば，大いに不本意でしょう），
B型小惑星101955ベンヌからのサンプルリターンを目指しています．探査機
は2019年1月にベンヌから2kmの周回軌道に入りました．2020年にベンヌ
表面から試料を採取し，2023年に地球に帰還する予定です．回収試料は最大
2kg，最低でも60g以上を目標としています．

　JAXAとの相互協定により，NASAは，はやぶさ2が回収したリュウグウ
試料の10%を，JAXAはオシリス・レックスが回収したベンヌ試料の0.3gを，
それぞれ得ることになっています．これは，どちらかのミッションが失敗して
も保証されます．オシリス・レックスの最小目標量60g中0.3gはわずか0.5%
で，20倍も不利な条件のような気がしますが，これがNASAとJAXAの現

実の力の差なのでしょうか.

　オシリス・レックス（OSIRIS-REx）の名前は以下のようなミッションの目的の頭文字の組み合わせから決まっています.

　　Origin：炭素が多い始原的小惑星試料の回収と分析

　　Spectral Interpretation：地上観測データと実際の観察とのすり合わせ

　　Resource Identification：始原的小惑星の化学組成・鉱物マップ作製

　　Security：YORP 効果の検証（地球に衝突するかの軌道計算に必要）

　　Regolith Explorer：cm 以下までのレゴリスの回収と記載

 ## 16.2　探査機の詳細──搭載機器と観測項目

16.2.1　探査機の外観

　探査機オシリス・レックスの外観を図 16.1 に示しました．下面から伸びる TAGSAM と呼ばれる試料回収用の腕が特徴的です．また，太陽電池は左右水平から，逆ハの字型にすぼめることができます．本体のサイズは縦 2.43 m × 横 2.43 m × 高さ 3.15 m です．正面の大きな鉢はアンテナ，下面の白い小さな鉢が地球に再突入用のカプセルです．

16.2.2　下面の観測機器群

　下面のアップを図 16.2 に示しました．PolyCam，MapCam，SamCam と呼ばれるカメラ群からなるオシリス・レックス・カメラ・スート（OCAMS）が

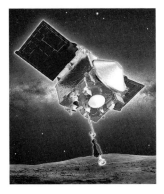

図 16.1　探査機オシリス・レックスのベンヌ試料回収想像図
[NASA/Goddard/University of Arizona. https://www.asteroidmission.org/wp-content/uploads/2018/08/ORExBannerBlueCropped-1.png]

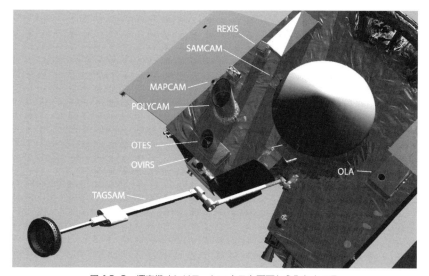

図16.2 探査機オシリス・レックスを下面からみたところ
REXISという機器が人間の頭ぐらいの大きさ．[NASA/University of Arizona. https://www.nasa.gov/sites/default/files/styles/full_width/public/thumbnails/image/social-media-card-spacecraft-image.png?itok=3aZLgWIN]

あります．これらは可視光イメージを撮像するためのものです．

- PolyCam　　長距離用望遠鏡で，200万km先の小惑星を見つけることができます．また，ベンヌ近くで，ベンヌの表面の高解像度画像の撮像も行います．
- MapCam　　中距離用カメラです．ベンヌ近くのベンヌの衛星，また，脱ガスプルームを探します．ベンヌをカラーで撮影でき，ベンヌの地形図作成用の撮像も行います．5段のレンズシステムは，五つ（原色と赤・緑・青と，近赤外）のフィルターホイールを備え，広いスペクトル画像を撮像できます．
- SamCam　　近距離用カメラです．Touch-and-Go（TAG）中の，試料採集の間と試料採集後を撮像し続けます．
- OLA　　レーザー高度計です．小惑星ベンヌの形の3Dマップを作成して，科学者が地形を理解し，試料採集場所を決めるのに用います．カナダ宇宙機関がサンプルと引き換えに作製しました．
- OTES　　放射熱スペクトルメーターです．鉱物・化学物質マップ作成と，ベンヌの温度を測定するために用いられます．アリゾナ州立大学で作られた

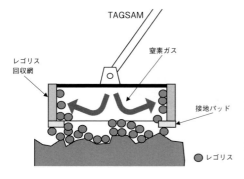

図 16.3 オシリス・レックスの試料回収用
かごの断面図
TAGSAM というオシリス・レックスからの
腕の先端に円筒形のかごが取りつけられてい
ます．

最初の機器です．

- OVIRS 可視光・赤外光スペクトルメーターです．ベンヌの可視・近赤外光を測定し，水や有機物の有無を測定します．

- REXIS レゴリス X 線イメージングスペクトルメーターです．ベンヌからの放射 X 線を画像化して，表面の元素存在度マップを作成します．

- TAGSAM Touch-and-Go 試料回収アームメカニズムです．腕の全長 3.35 m です．大きな円筒状のかご（図 16.3 参照）を，本体から伸びた TAGSAM の先につけています．探査機はサンプル採集の時，推進燃料のヒドラジンの汚染を避けるように，自由落下でゆっくりと降りていきます．かごの開口部は地面側です．TAGSAM は接地のショックを吸収し，接地と同時に試料回収のために，かごの中央部から窒素ガスを 5 秒間吹きつけます．レゴリスは吹き飛び，2 cm よりも小さいレゴリスはかご側面の網に回収されます．5 秒後，探査機はベンヌを離れ，60 g 以上回収したかどうかを画像と探査機の回転で確かめます．60 g 以上回収されなかった場合は再び回収を試み，合計 3 回挑戦します．かごと地面との間の接地パッド（ステンレス製）は 1 mm 以下の細かいダストを回収することができます．試料回収後，かごは帰還カプセルに収納されて地球へ帰還の日を待ちます．

16.3 B型小惑星ベンヌ——自転・地表・サンプルリターン

16.3.1 101955 ベンヌの自転

101955 ベンヌ（仮符号（9.2節参照）は 1999 RQ$_{36}$，ベンヌ［Bennu］とは，エジプト神話に登場する不死鳥で，オシリスの魂であるとされることもある）はアポロ群に属し，平均直径 492 m の炭素質の B 型小惑星（9.4 節参照；B 型小惑星は，広義の C 型小惑星に入ります）です．リュウグウと同じような「コマ型」をしています（図16.4）．回転軸は軌道から 176°傾いており，これは軌道と逆回転ということです．この点もリュウグウと同じです．図16.5 にはベンヌが自転していく様子の写真を載せました．上下（南北）を軸に，右に自転していきます．これらの写真では解像度は落ちてしまっていますが，南半球にある特徴的な，巨大な岩石の位置で，大体の自転角度がわかると思います．一

図 16.4　101955 ベンヌ
[NASA/Goddard/University of Arizona. https://www.nasa.gov/sites/default/files/styles/full_width_feature/public/thumbnails/image/twelve-image_polycam_mosaic_12-2-18.png]

図 16.5　101955 ベンヌの自転
[NASA/Goddard/University of Arizona. https://www.nasa.gov/sites/default/files/styles/full_width_feature/public/thumbnails/image/bennu_rotation_20181104.gif]

番左の写真では,この岩石は後ろに隠れてしまっています. この岩石を除けば,比較的平らな表面をしているように思われました. 赤道に沿って,低重力と速い回転によって細かいレゴリスが集まったと考えられる尾根があります. 密度は 1.26 ± 0.07 g/cm^3 で,内部はラブルパイルだと思われます.

16.3.2 ベンヌの地表

赤道付近の地表の写真(図16.6上),また,地表を俯瞰した写真(図16.6下)を見ると,地表は様々な色合いの岩石に覆われています. 発泡したような岩石,溶岩のような岩石もあります. できるならばなるべく多彩な岩石を回収したくなります.

実際の岩石のサイズは,相当大きく,普通自動車の横幅(1.7 m)以上の岩石がごろごろしています. 図16.6上の左上の白い岩石は小さく見えても普通自動車8台分の大きさです. また,自分が図16.6下のような場所を,目標の岩まで競争することをイメージしてみてください. 50 cm程度の岩が一面にあり,ところどころ5 m程度の岩がある感じです. 試料採集は,上手に図16.6上の右下のような,小さなかけらが集まっている場所を狙う必要があります(それでも数十cm位はありそうです). 巨大な岩石の平たい面に,試料回収用の

図16.6 (上)ベンヌの赤道付近の地表. 左上の白い岩石の横幅が7.4 m. (下)ベンヌの地表. 幅49.6 m,最上部の岩石の高さ4.8 m.
[(上)NASA/Goddard/University of Arizona. https://www.nasa.gov/sites/default/files/styles/full_width/public/thumbnails/image/pdco-20190321-top-down.jpg?itok=RBvfwoM3 (下) https://www.nasa.gov/sites/default/files/styles/full_width/public/thumbnails/image/pdco-20190328-up-slope-to-limb.jpg?itok=5dGx0bq-]

かごの口が当たると，何も回収できないという恐れがあります．大丈夫でしょうか．

　どこを試料回収したらいいのかを決めるために，オシリス・レックスチームは，ボランティアの「岩石マッパー」を公募しました．表面の岩石をもれなくマッピングして，最も試料採取するのに適した場所を探すために，ボランティアの市井の研究者の助けを借りるわけです．こういうところは，さすがボランティア大国アメリカ，皆でオシリス・レックスを応援してもらおうという，さまざまな「しかけ」があります．（どちらかというと，本当に人手が足りないのかも知れませんが……．）日本もいろいろ見習うことは多いです．

 16.4　科学的成果── YORP 効果の実証・地球への衝突確率

　試料入手前の物理観測から，早くもいくつかの成果が上がっています．

16.4.1　YORP 効果の実証

　YORP 効果（ヤルコフスキー・オキーフ・ラジエフスキー・パダック効果）．これは，自転するひずんだ微惑星は，太陽の光の圧力と熱放射のバランスが各所で異なるために自転速度が変化する効果で，これにより軌道が変化したり，表面物質が散逸したりします．この効果によって，自転が時間とともに速くなっていることが実際に観測されました．

　さらに，2019 年 1 月 19 日には，図 16.7 に示すように，ベンヌから岩石が

図 16.7　ベンヌの地表から岩石が放出されるところ
2019 年 1 月 19 日撮影．露光 1.4 ms（ベンヌ）と 5 sec（放出物）との合成写真．〔NASA/Goddard/University of Arizona/Lockheed Martin. https://www.nasa.gov/sites/default/files/thumbnails/image/3_lauretta_bennu_particle_jets.jpg〕

放出される様子が撮影されました．これは世界で初めて撮影された YORP 効果の証拠の一つです．

さらに，オシリス・レックスによる表面の観測では，粘土鉱物のような含水鉱物が発見されました．

16.4.2 ベンヌの成因と地球への衝突確率

シミュレーションによると，ベンヌは小惑星帯内側の，直径 100 km 程度の小惑星（7 割の確率でポラナ族，3 割の確率でオイラリア族）の破片であると考えられています．

ベンヌは，2060 年に地球の 0.005 AU（75 万 km）まで接近します．2135 年には 0.002 AU（30 万 km）まで接近しますが，0.0007 AU（10 万 km）にまで接近する可能性もあります．しかし，地球に衝突する可能性はありません．2175 年の接近は 0.1 AU で，地球への衝突の確率は 1/24000 です．最も危険な接近は 2196 年の接近で，地球への衝突の確率が 1/11000 です．2175-2199 年の衝突確率を合わせると 1/2700 となります．これが高いと思うか，低いと思うかはあなた次第です．

あとは 2020 年の試料採取が成功して，無事地球に帰還するのを待つだけです．どんな試料が採取されるのでしょうか？ 2023 年の帰還が待ちきれません．

17

今後のサンプルリターン計画

この章では，次のサンプルリターン計画を簡単に紹介することにします．
NASA/ESA の火星サンプルリターン計画，そして，JAXA の火星衛星サ
ンプルリターン計画です．どれも懐事情やその他の事情によって簡単に中
止される可能性があります．また，M 型小惑星探査計画，NASA のサイ
キ計画というものもあります．ここではこれらの三つについて紹介します．
どれも知っておいて損はありません．

17.1　火星サンプルリターン計画—— NASA・ESA の計画

　NASA と ESA は，共同して火星のサンプルリターンを計画中です．合計 3
機による大計画です．まず，サンプル採集用ローバーが打ち上げられます．ロー
バーの寿命である 500 火星日間（513 地球日），サンプル採集や分析を行います．
そして，回収試料を試料回収容器に入れます．このローバーは今まで成功して
きたローバーとほとんど同じものを使う予定なので，開発費もかからず，失敗
もしないですみます．

　4 年後，オービターが打ち上げられ，続いて火星上昇機（MAV）を含むラ
ンダーが打ち上げられます．ランダーには試料回収容器を MAV まで運ぶ簡単
なローバーも乗っています．試料回収容器は MAV によってオービターの待つ
宇宙空間まで持ち上げられ，オービターに載せられます．オービターは試料を
地球まで運んで，無事に地上へと届けます．

　技術的な問題とともに，万が一微生物がいた場合に備えて検疫をどうするの
かなど，いろいろな問題があると思いますが，この計画は実行を含めて目が離
せません．

17.2　火星衛星サンプルリターン計画——JAXA の計画

　一方，日本も火星衛星サンプルリターン（Martian Moons eXploration, MMX）を計画中です．この計画は，火星の衛星（フォボスかダイモス）をターゲットにして，サンプルリターンを行うものです．この計画によって，小惑星起源と考えられている火星衛星からサンプルリターンを行って，次の諸問題の解答を得ようというものです．

　（1）火星衛星の起源論に決着を与える：火星衛星が，外部の小惑星を捕獲したものなのか（小惑星捕獲説），それとも巨大衝突（地球の月のようなジャイアント・インパクトでの衛星の形成）によるものなのか？

　（2）スノーライン付近での水の輸送，ひいては地球への水の供給の知見を得る：氷惑星などが地球に水を運んだと考えられていますが，火星衛星はそのときの水を運んだ氷惑星の残りなのではないか？　という問題に決着を与えます．

　MMX は 2020 年 2 月に正式に開発に移行し，2024 年打ち上げ予定，2029 年地球帰還予定です．火星衛星サンプルリターン計画は，おそらく，これまで日本が培ってきた小惑星サンプルリターン計画の延長線上にありますが，電力の問題（これまでのサンプルリターンと比べるとはるかに太陽から遠い），燃料の問題（火星は重力も大きく，はるかに遠いので帰るためには燃料も多く必要）といった，技術的問題を解決する必要があります．MMX には，サンプルリターン技術の継承といった目的もあるはずです．この計画からも目が離せません．

17.3　サイキ計画—— M 型小惑星 16 サイキの探査計画

　サイキ（Psyche, 日本名プシケ）は直径 227 km の 13 番目に大きな小惑星で，ニッケル鉄がむき出しになっている珍しい小惑星です．約 500 km あった小惑星の，金属核であったと考えられます．高いアルベドを持ち，90 %がニッケル鉄，6±1 %がオルソパイロキシン（Opx）であると考えられています．NASA の赤外線望遠鏡は，水または水酸基を発見しており，揮発性元素に富んだ小さ

図17.1　サイキ探査機の想像図
[NASA/JPL-Caltech/Arizona State Univ./
Space Systems Loral/Peter Rubin. https://
www.nasa.gov/sites/default/files/styles/full_
width_feature/public/thumbnails/image/
pia21499-20170523.jpg]

い小惑星の衝突によるものだと考えられています．低速度のヒット-アンド-ラ
ン衝突（衝突体が何も残さない衝突）によって過去のマントルがはがされてい
き，金属核と薄いケイ酸塩が残ったと考えられています．

　さて，NASA のサイキ計画はサンプルリターンではありません．相手が金
属の塊なので当然でしょう．しかし，M 型小惑星を近傍で調査するだけで十
分意義のあることです．探査機に与えるサイキの磁場も無視できないかもしれ
ません．搭載する機器は，マルチスペクトラムイメージャー，ガンマ線スペク
トロメーター，中性子スペクトロメーター，磁力計，さらに，X バンド重力科
学調査も行います．また，サイキとの通信は，これまでの電波ではなく，深宇
宙と地球とを結ぶ新たなレーザー通信で行います．これにより，同じ時間内で
より多くの情報をやりとりできます．

　NASA は，2022 年に発射，2026 年にサイキに到着する計画を立てています．
どのような結果が待っているのでしょうか．今後の動向に注意すべき探査計画
の一つです．

終章
生命の可能性のある
惑星・衛星
液体の水さえあれば

▶〔写真〕NASA のバイキング 1
号が，1976 年 6 月に撮影した火
星の写真です．火星の地表の上に，
地球の大気よりも埃っぽい，半透
明な大気の層が見えます．火星の
大気層は薄いので，仮に宇宙飛行
士が火星表面で作業しようとする
と，宇宙や太陽からの放射に対す
る防御が必要となります（月で作
業することに比べればだいぶ楽と
は思いますが）．そのため，仮に
生命が火星にいるとすれば地下に
いると考えられます．火星のサン
プルリターンが非常に楽しみで
す．[NASA/Viking 1. https://www.
nasa.gov/sites/default/files/mars_
atmosphere.jpg]

この終章では，この太陽系で，地球以外で生命の可能性のある惑星・衛星について学ぶことにしましょう．生命が存在するには，液体の水が必要であると考えられています．そのため，どこに液体の水があるかを知れば，どこに生命の可能性があるかを知ることができます．太陽系の中には，液体の水がある可能性がある場所が，地球以外にもいくつか存在しています．火星（過去），木星の衛星エウロパとガニメデ，それに土星の衛星エンケラドゥスです．本終章ではその4か所について説明して，最後のまとめとしたいと思います．

火星——最も生命の可能性が高い場所

　過去の火星には水が流れていたと考えられています．しかし，今日ではもはや流れていません．マーズ・グローバル・サーベイヤーの3年以上にわたる高解像度の火星の表面の観察は驚くべき結果をもたらしました．すなわち，火星の大部分が数 km の深さまで，浸食と堆積とを繰り返した地層を作っていたということです．この何 km にもわたる地層は，太古に深くクレーターを生じた地域を大規模に浸食し堆積しなおしました．ガリー（gully，小峡谷）を作った流体活動と，堆積はほとんど同時に起きたようです（Malin and Edgett, 2001）．

斜面を流れる流体

　マーズ・リコネッサンス・オービター（MRO）の高解像度画像には，火星のスロープ再現線（Recurring Slope Lineae, RSL）が，急な斜面（25°〜40°）に，幅0.5〜5 m の狭く濃い跡として現れます（終章・図1）．暖かい季節に現れ，徐々に成長し，寒い季節には消えます．RSL は火星南部の春から夏にかけて，赤道に面した 48°S から 32°S の緯度に現れ，長くなっていきます．地表近くに液体の塩水があったとすると，この活動を説明できるかもしれません（McEwen et al., 2011）．

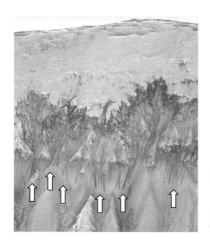

終章・図1　火星のニュートンクレーターの RSL（斜面内側に現れる流れ）
[NASA/JPL-Caltech/ Univ. of Arizona. https://www.nasa.gov/sites/default/files/images/600154main_PIA14479_full.jpg]

火星のメタンの謎ふたたび！

　火星大気にはメタンが平均で 11 ± 4 ppbv（1 ppbv は $10^{-9} m^3/m^3$）含まれているとされています．メタンの存在は，生物の存在と密接に結びついています．そのため，高濃度のメタンが存在すれば，生物が存在する可能性が高いといわれています．

　火星のローバー・キュリオシティ・チームは 2019 年 6 月 24 日の月曜日から，メタンレベルが 1 ppbv（$10^{-9} m^3/m^3$）以下という，ほとんどバックグラウンドレベルのメタンしか観測できませんでした．しかし，その前の週には，キュリオシティは過去最大のメタン濃度，21 ppbv という値を検出していました．これは過去最大のメタンガス濃度を検出したメタンプルームを通過したためと思われました．

　残念ながら，キュリオシティではこの高いメタンソースが生物由来なのか，地質的なものなのかは判別できませんでした．また，メタンプルームがどのくらい続くのかもわからないので，ESA の微量ガス検出衛星に頼ることもできませんでした．

　キュリオシティ・カリフォルニア・パサデナのジェット推進研究所の科学者，バサバダ氏（A. Vasavada）は，「メタン・ミステリーは続いています」と言います．「火星の大気中のメタンの振る舞いを解明するには測定をできるだけ続けて知恵を絞るしかありません．」（https://mars.nasa.gov/news/8452/

curiositys-mars-methane-mystery-continues/).

火星表面の「白い石」 ──干上がった海の名残？

　火星表面には，15 km×18 km の「白い石」（White Rock）と名づけられた領域があります．これは，干上がった海の名残と思われていました．しかし，マーズ・グローバル・サーベイヤーに搭載された放射熱スペクトロメーター（TES）によると，ここは乾燥した堆積物が風で集まった領域ということが判明しました．この終章・図2の写真は，マーズ・オデッセイ・オービターの別の機器によって撮影された「白い石」の可視光画像です（Ruff et al., 2001）.

火星表面の「水の跡」 ──メリディアニ平原のヘマタイト

　ヘマタイト（赤鉄鉱，Fe_2O_3）は水がないと形成されません．火星探査ローバー・オポチュニティが着陸したメリディアニ平原は，マーズ・グローバル・サーベイヤーに搭載された放射熱スペクトロメーター（TES）によるとヘマタイトが多く，過去に水が多い環境であったことを示しています．つまり，オポチュニティは昔は水に覆われていたところに着陸したようです（Christensen et al., 2005）.

火星起源の隕石中に生物の化石？──生物っていったい何⁉

　NASA のマッケイ（D. McKay）らは，南極隕石の火星隕石 Allan Hills 84001（南極隕石の命名法については 8.2 節参照），略称 ALH 84001（図 7.7

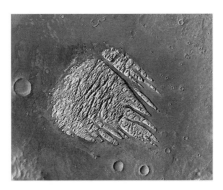

終章・図2　火星表面の「白い石」
[NASA/JPL/Arizona State University. http://tes.asu.edu/discoveries/11/medium.jpg]

参照）中に，火星の生物の化石を発見したと，1996 年に発表し，物議を醸しました．（英語に自信があって興味がある方は拙著［Makishima, 2017］のChapter 7 を参照してください．）

ALH 84001 は火成岩のオルソパイロキシナイトで，粗粒の「オルソパイロキシン」（[Mg,Fe]$_2$Si$_2$O$_6$）と，若干の「マスケリナイト」（NaAlSi$_3$O$_8$），「カンラン石」（[Mg,Fe]$_2$SiO$_4$），「クロマイト」（FeCr$_2$O$_4$），黄鉄鉱（FeS$_2$），アパタイト（Ca$_3$[PO$_4$]$_2$）からなります（カギかっこがついた鉱物名については 5 章の「鉱物学の基礎」に説明があります）．

この隕石は 45 億年前に結晶化し，その後 2 回のショックを受けて変成しました．初めのショックは約 40 億年前に起きました．ALH 84001 に含まれる炭酸塩の炭素同位体比（δ^{13}C；δ^{13}C はキャニオン・ディアブロ隕鉄の炭素包有物［図 8.3 参照］の炭素同位体比からのずれを千分率で表示したもの）は -17‰から $+42$‰でした．この $+42$‰という値は他の SNC 隕石よりも高い値でした．また，この炭素同位体比の範囲は，地球上のいかなる無機的反応でも作ることのできないものでした．

マッケイらの主張は以下に述べる根拠に基づいていました（McKay et al., 1996）．

(1) 火星の火成岩の割れ目に沿って流体が入り，生命活動を生み，2 次鉱物も生まれた．

(2) 火成岩よりも炭酸塩鉱物の方が新しい．

(3) 走査型電子顕微鏡（SEM）や透過型電子顕微鏡（TEM）による，球形をした炭酸塩鉱物の構造は，地球のマイクロ生命体や生命体起源の炭酸塩に構造がよく似ている．

(4) ALH 84001 中の磁鉄鉱や硫化鉄の微粒子は，地球の生命システムで重要な酸化還元反応によって生成した磁鉄鉱粒子とよく似ている．

(5) 多環芳香族炭化水素（PHAs）は，球形炭酸塩の表面に多い．

(6) これらの結果をすべて満たす答えは，初期火星に原始生命がいたと考えるしかない．（彼らは，終章・図 3 に示した，鎖状球形炭酸塩を生物の化石と考えました．）

マッケイらの論文によりますと，ALH 84001 からは終章・図 4 に示した化

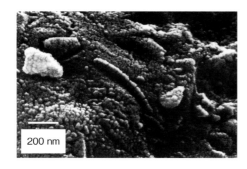

終章・図3　火星隕石 ALH 84001 の電子顕
　　　　微鏡写真に見られる生物の化石
　　　　のような構造
スケールは著者が加えました．[NASA. https://
upload.wikimedia.org/wikipedia/commons/
thumb/a/a8/ALH84001_structures.jpg/1600px-
ALH84001_structures.jpg]

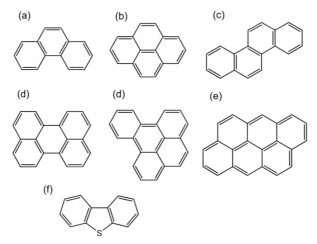

終章・図4　火星隕石 ALH 84001 中に発見された多環芳香族炭化水素（PHAs）
(a) フェナントレン（$C_{14}H_{10}$），(b) ピレン（$C_{16}H_{10}$），(c) クリセン（$C_{18}H_{12}$），(d) ペリレンまた
はベンゾピレン（$C_{20}H_{12}$），(e) アンタントレン（$C_{22}H_{12}$），(f) ジベンゾチオフェン（$C_{12}H_8S$）．

学式のような多環芳香族炭化水素（PHAs）が発見されています．

　これらの主張それぞれが物議を醸し，生命とは何かという根本的な議論にま
で発展していきました．反論をいくつか挙げます．

　(1) 磁鉄鉱の結晶は，バイオマーカー（生物の指標）にはならない．

　(2) ナノバクテリアは生命ではない．ウイルスも生命ではない．

　(3) 形や構造が似ているからといって，それは生命の証拠にはならない．

　この(3)は重要で，著者は，地球で最初の生命やその時期というものにも疑
問を抱くようになりました．なぜなら，今まで発表された研究で地球最初の生

命と主張されたものは，太古のチャート中のバクテリアらしきものの形や構造が，今日のバクテリアに似ているという根拠に基づいているからです.

2 木星の衛星エウロパとガニメデ――地下に存在する海

　木星の衛星エウロパとガニメデ（終章・図5a, b）はどちらも違う外観を示していますが，どちらも基本的には氷の衛星です．終章・図5c, d には内部の想像図を示しました．中心にはニッケル鉄の核があり，その周りを岩石層が取り囲んでいます．さらにその周りには液体の水の層があり，最外殻は白く示した氷の層です.

　エウロパの表面には茶色のすじが何本も走っています．これは地質学的活動

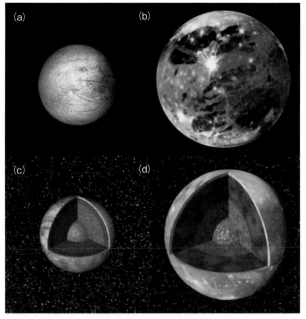

終章・図5　木星の衛星 (a) エウロパ，(b) ガニメデ
(c)，(d) は，(a) エウロパ，(b) ガニメデのそれぞれの内部の想像図．どちらも中央にニッケル鉄の核があり，その周りを岩石質のマントル，さらに外側を液体の水からなる海が取り巻き，最外殻は氷と考えられています．[(a)，(b) NASA/JPL/DLR. http://photojournal.jpl.nasa.gov/jpegMod/PIA01400_modest.jpg (c)，(d) NASA/JPL. http://photojournal.jpl.nasa.gov/jpegMod/PIA01082_modest.jpg]

による，氷ではない部分であり，氷地殻の割れ目や山脈と考えられています．

　ハッブル宇宙望遠鏡は，2013 年にエウロパ南部に水蒸気の噴出活動を観測しましたが，この写真を撮ったカッシーニが通過した 2001 年には観測できませんでした．厚さ 10 km 位の氷の層の下に，液体の水があると考えられています．

　エウロパは火星よりも生命の可能性が高いと考えられており，今後の惑星探査のターゲットの一つといえます．ただし，厚さ 10 km の氷の下の水を探査することは不可能に近いので，噴出してきた水蒸気（氷？）をタイミングよく集めるしかないと思われます．

　ガニメデは水星よりも大きな，木星最大の衛星です．表面は明るいところと暗いところがまだらになっています．最も明るいところはインパクト・クレーターであると考えられています．暗い所には岩石物質が多く含まれていると考えられています．

　ガニメデは，地表から 150 km は氷に覆われ，その下に，地球の 10 倍にあたる深さ 10 km の海があると考えられています．ガニメデの海は単純ではなく，氷の層と塩水の層が交互に何層にもなっていると考えられています．ガニメデにも生命の可能性が高いと考えられています．しかし，探査となると，著者にはよい知恵が浮かびません．なにせエウロパの 15 倍の，厚さ 150 km の氷に覆われているのですから．

3　土星の衛星エンケラドゥス──地下の熱水活動と海

　エンケラドゥスは，土星の衛星で 6 番目に大きく，直径約 500 km ですが，熱源を持っています．反射率は非常に高く，太陽系で最も白い星といわれています．これは表面が比較的新しい氷に覆われているためであると考えられています．

　エンケラドゥスを含む土星の氷衛星は，土星の周囲にあった周惑星円盤の中で急速に形成されました．そのため，短寿命の放射性核種，たとえば ^{26}Al や ^{60}Fe を豊富に含んでおり，衛星内部の急速な熱源になったと考えられます．エンケラドゥスの比重は 1.6 g/cm^3 と考えられており，一般の氷衛星よりも岩石

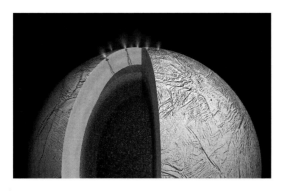

終章・図6　エンケラドゥス内部の
　　　　　熱水活動と，外部への
　　　　　水蒸気の噴出の想像図
[NASA/JPL-Caltech.http://www.jpl.
nasa.gov/spaceimages/details.
php?id=pia19058]

と鉄を多く含んでいます．そのため，内部は終章・図6に示したように，岩石
の核と氷のマントルとに分化していると考えられます．

　2005年の南極での水蒸気を含んだ噴出物の観測以来，エンケラドゥスの地
下に液体の水があると考えられています．この噴出物は土星のE環を形成し
ているということがすぐに明らかになりました．E環に塩化物が多く含まれる
ことから，これらの起源はエンケラドゥスの内部の海であるとすぐに判明しま
した．エンケラドゥスに接近した土星探査機カッシーニにより，この内部の海
は南極に局在することがわかり，厚さ30〜40kmの氷の下に存在し，内部の
海の厚さは10kmと推定されました．しかし，2015年にNASAは氷の下の海
は衛星全体に広がっていると発表しました．

　エンケラドゥスには有機化合物と熱源，そして液体の水が存在しているため
に，地球外生命が存在する有力な候補地と考えられています．また，カッシー
ニが発見した噴出物中の微粒子の中にナノシリカの存在が確認されました．

　東京大学と海洋研究開発機構は，ナノシリカは岩石と熱水が90℃以上で反
応しないと形成されないため，深海の熱水活動が現在も続いていると結論しま
した．深海の熱水活動は生命誕生の場と主張する科学者もいることから，地球
外生命の存在が期待されます．

　エンケラドゥスの地下の海の探査は，水蒸気の噴出の頻度が比較的高いので，
これを衛星の周辺に探査機を飛ばして集めれば，比較的容易かもしれません．
どれだけ長い時間集めることができるかが問題になるだけでしょう．この中か
らひょっとすると生命の痕跡が見つかるかもしれません．

おわりに

　これまで，地球に降り注ぐ有機物・水の種類や量は，炭素質コンドライトから見積もられてきました．しかし，隕石は，落ちてくるときの熱で変質してしまっている可能性もあります．そこで，はやぶさ 2 やオシリス・レックスによって，炭素質コンドライトの母天体と考えられる C 型（B 型）小惑星から「生の」物質を「直接」手に入れることで，地球に降り注ぐ水や有機物の組成や状態が明らかになることでしょう．

　ただし，小惑星に有機物があったからといってそれが生命に直結するかどうかはわかりません．それが「後期重爆撃期」に地球に降り注ぐか，「レイト・ベニヤ」として地球に落ちてくるか，というタイミングも重要となります（それぞれ 1.6，3.4 節参照）．なぜなら，それ以前では地球はマグマオーシャンという，ドロドロに溶けたマグマの状態で，落ちてきたとしても，有機物はすべて燃えてなくなってしまうからです．

　また，落下の過程でどのように変質するかもわからないので，C 型小惑星の組成と状態が明らかになったとしても，生命の起源に直結するかはわかりません．かえって炭素質コンドライトからの見積もりで十分になる可能性だってあります．これでは，話は逆戻りです．ただし，科学というのは，一歩一歩確かめながら進むものなので，C 型小惑星の生の物質を手に入れることは非常に意義のあることと思います．

　では，当初の目的の，生命の起源を明らかにするという目的の方はどうなるのでしょうか．大部分の科学者は，はやぶさ 2 だけで，生命の起源がわかることはあるまい，と思っていることでしょう．炭素質コンドライトでわからなかったことが，C 型小惑星の一部を取ってきたところで，残念ながら生命の起源には直結しないと，科学者の多くは思っているかもしれません．しかし，科学の進歩には清濁併せ呑むことも必要であろうと思っているとも思います．そして，

これが生命に直結しようとしまいと，関係する科学者は論文を書けて，ハッピー・エンドということになります．

　著者は，はやぶさ2が取ってきた物質の分析プロジェクトからは関係のない身なので，こうして，気楽に持論を述べていられます．しかし，関係する研究者へのプレッシャーは相当なものだ（そして相当なものでなくてはいけない）と思います．

　さて，はやぶさ2が無事帰ってくればこのプロジェクトの宇宙開発分野での試みは大成功です．しかし，本来の目的である，生命の起源の研究の方はどう決着がつくのでしょうか．これはもともとが難しく，多少のことでは解けないと思います．一番簡単な決着は，取って来た岩石に地球と同じような微生物が発見されることですが，それ以外は，決着のありかたがイメージできません．

　話がだいぶそれました．日本は，MMX計画のはやぶさ3（仮称）により，火星の衛星の試料を手にいれることでしょう．はやぶさ4, 5, …により，太陽系のいろいろな試料を手に入れるかもしれません．さらに，世界に誇る南極隕石コレクションもあります．このように日本には宇宙物質科学を進めるための土壌がすでに揃っています．読者の方々が，本書をきっかけに，さまざまな知識を増やし，科学的リテラシー（能力）を向上させて，科学に対して温かく，かつ，批判的な目を持てれば最高だと思います．

参 考 文 献

第 1 章

Batygin K, Laughlin G: Jupiter's decisive role in the inner Solar System's early evolution. Proc Nat Acad Sci USA 112: 4214-4217, 2015.

Burbidge EM, Burbidge GR, Fowle WA et al: Synthesis of the elements in stars. Rev Modern Phys 29: 547-650, 1957.

DeMeo FE, Carry B: Solar System evolution from compositional mapping of the asteroid belt. Nature 505: 629-634, 2014.

Gomes R, Levison HF, Tsiganis K et al: Origin of the cataclysmic Late Heavy Bombardment period of the terrestrial planets. Nature 435: 466-469, 2005.

Johansen A, Oishi JS, Low M-M M et al: Rapid planetesimal formation in turbulent circumstellar disks. Nature 448: 1022-1025, 2007.

Keller SC, Bessell MS, Frebel A et al: A single low-energy, iron-poor supernova as the source of metals in the star SMSS J031300.36-670839.3. Nature 506: 463-466, 2014.

Michałowski MJ: Dust production 680-850 million years after the Big Bang. Astronom Astrophys 577: UNSP A80, 2015.

Morbidelli A, Levison HF, Tsiganis K et al: Chaotic capture of Jupiter's Trojan asteroids in the early Solar System. Nature 435: 462-465, 2005.

Naoz S: Jupiter's role in sculpting the early Solar System. Nature 112: 4189-4190, 2015.

Oesch PA, Brammer G, van Dokkum PG et al: A remarkably luminous galaxy at $z = 11.1$ measured with Hubble Space Telescope Grism Spectroscopy. arXiv:1603.00461, 2016.

Ouchi M, Ono Y, Egami E et al: Discovery of a giant Lyα Emitter near the Reionization Epoch. Astrophys J 696: 1164-1175, 2009.

Tsiganis K, Gomes R, Morbidelli A et al: Origin of the orbital architecture of the giant planets of the Solar System. Nature 435: 459-461, 2005.

Walsh KJ, Morbidelli A, Raymond SN et al: A low mass for Mars from Jupiter's early gas-driven migration. Nature 475: 206-209, 2011.

Watson D, Christensen L, Knudsen KK et al: A dusty, normal galaxy in the epoch of reionization. Nature 519: 327-330, 2015.

第 3 章

Agnor C, Asphaug E: Accretion efficiency during planetary collisions. Astrophys J 613: L157-L160, 2004.

Asphaug E: Similar-sized collisions and the diversity of planets. Chem Erde Geochem 70: 199-219, 2010.

Borg LE, Connelly JN, Boyet M et al: Chronological evidence that the Moon is either young or did not have a global magma ocean. Nature 477: 70-72, 2011.

Bottke WF, Vokrouhlichy D, Marchi S et al: Dating the Moon-forming impact event with asteroidal meteorites. Science 348: 321-323, 2015.

Boyet M, Carlson RW: A highly depleted moon or a non-magma ocean origin for the lunar crust? Earth Planet Sci Lett 262: 505-516, 2007.

Brandon AD, Lapen TJ, Debaille V et al: Re-evaluating $^{142}Nd/^{144}Nd$ in lunar mare basalts with implications for the early evolution and bulk Sm/Nd of the Moon. Geochim Cosmochim Acta 73: 6421-6445, 2009.

Cameron AGL, Ward WR: The origin of the Moon. Lunar Planet Inst Sci Conf Abs 7: 120-122: 1976.

Carlson RW, Borg LE, Gaffney AM et al: Rb-Sr, Sm-Nd and Lu-Hf isotope systematics of the lunar Mg-suite: the age of the lunar crust and its relation to the time of Moon formation. Phil Trans Royal Soc A 372: 20130246, 2014.

Gaffney AM, Borg LE: A young age for KREEP formation determined from Lu-Hf isotope systematics of KREEP basalts and Mg-suite samples. Lunar Planet Sci 44: 1714, 2013.

Gaffney AM, Borg LE: A young solidification age for the lunar magma ocean. Geochim Cosmochim Acta 140: 227-240, 2014.

Grange ML, Nemchin AA, Pidgeon RT et al: What lunar zircon ages can tell? Lunar Planet Sci 44: 1884, 2013.

Lugmair GW, Carlson RW: Sm-Nd constraints on early lunar differentiation and the evolution of KREEP. Lunar Planet Sci Conf 9: 689-704, 1978.

Nemchin A, Timms N, Pidgeon R et al: Timing of crystallization of the lunar magma ocean continued by the oldest zircon. Nat Geosci 2: 133-136, 2009.

Nyquist LE, Wiesmann H, Bansal B et al: $^{146}Sm-^{142}Nd$ formation interval for the lunar mantle. Geochim Cosmochim Acta 59: 2817-2837, 1995.

Nyquist LE, Shih C-Y, Reese YD et al: Lunar crustal history recorded in lunar anorthosites. Lunar Planet Sci 41: 1383, 2010.

Rankenburg K, Brandon AD, Neal CR: Neodymium isotope evidence for a chondritic composition of the Moon. Science 312: 1359-1372, 2006.

Taylor DJ, McKeegan KD, Harrison TM: Lu-Hf zircon evidence for rapid lunar differentiation. Earth Planet Sci Lett 279: 157-164, 2000.

Tera F, Wasserburg GJ: U-Th-Pb systematics on lunar rocks and inferences about lunar evolution and the age of the Moon, In Proc 5th Lunar Sci Conf, pp.1571-1599. New York, NY: Pergamon Press, 1974.

Touboul M, Kleine T, Bourdon R et al: Late formation and prolonged differentiation of the Moon inferred from W isotopes in lunar metals. Nature 450: 1206-1209, 2007.

第 6 章

Makishima A: Thermal ionization mass spectrometry (TIMS): silicate digestion, separation, measurement, Weinheim, Germany, Wiley-VCH Verlag, 2016.

Makishima A, and Masuda A: Primordial Ce isotopic composition of the Solar System. Chemical Geology 106: 197-205, 1993.

牧嶋昭夫・中村栄三. ジルコンをめぐる最近の話題. Ⅰ. U-Pb 法によるジルコン年代学. 岩鉱, 88: 499-516, 1993.

第 7 章

Bogard DD, Nyquist LE, Johnson P: Noble gas contents of shergottites and implications for the Martian origin of SNC meteorites. Geochim Cosmochim Acta 48: 1723-1739, 1984.

第 8 章

Grady MM: Catalogue of meteorites: reference book with CD-ROM, Cambridge, Cambridge University Press, 2000.

第 9 章

Bus SJ, Binzel RP: Phase II of the Small Main-belt Asteroid Spectroscopy Survey: a feature-based taxonomy. Icarus 158: 146-177, 2002.

Chapman CR, Morrison D, Zellner B: Surface properties of asteroids: a synthesis of polarimetry, radiometry, and spectrophotometry. Icarus 25: 104-130, 1975.

Tholen DJ: Asteroid taxonomic classifications, In Binzel RP, Gehrels T, Matthews MS (eds.), Asteroids II, first ed, pp.1139-1150. Tucson, AZ: University of Arizona Press, 1989.

第 13 章

Marty B, Chaussidon M, Wiens RC et al: A ^{15}N-poor isotopic composition for the Solar System as shown by Genesis solar wind samples. Science 332: 1533-1536.

McKeegan KD, Kallio APA, Heber VS et al: The oxygen isotopic composition of the Sun inferred from captured solar wind. Science 332: 1528-1532, 2011.

Meshik A, Mabry J, Hohenberg C et al: Constraints on neon and argon isotopic fractionation in solar wind. Science 318: 433-435, 2007.

第14章

Nakamura E, Makishima A, Moriguti T et al: Space environment of an asteroid preserved on micro-grains returned by the Hayabusa spacecraft. PNAS Plus 109: E624-E629, 2012.

第15章

Watanabe S, Hirabayashi M, Hirata N et al: Hayabusa 2 arrives at the carbonaceous asteroid 162173 Ryugu—a spinning-top-shaped rubble pile. Science 364: 268-272, 2019.

終章

Makishima A: Life on Mars from the Martian meteorite?, In Origins of the Earth, Moon and life: an interdisciplinary approach, pp.139-162. Amsterdam, Holland, Elsevier, 2017.

Malin MC, Edgett KS: Mars Global Surveyor Mars Orbiter Camera: interplanetary cruise through primary mission. J Geophys Res Planets 106: 23429-23570, 2001.

McEwen AS, Ojha L, Dundas CM et al: Seasonal flows on warm Martian slopes. Science 333: 740-743, 2011.

McKay DS, Gibson Jr EK, Thomas-Keprta KL et al: Search for past life on Mars: possible relic biogenic activity in Martian meteorite ALH 84001. Science 273: 924-930, 1996.

Ruff SW, Christensen PR, Clark RN et al: Mars' "White Rock" feature lacks evidence of an aqueous origin: results from Mars Global Surveyor. J Geophys Res Planets 106: 921-923, 2001.

索　引

著者略歴

牧嶋昭夫
(まきしまあきお)

1961 年　神奈川県に生まれる
1986 年　東京大学大学院理学系研究科修士課程修了
現　在　岡山大学惑星物質研究所教授
　　　　博士（理学）

専門は地球化学，分析化学，物質科学.
主著：
Thermal Ionization Mass Spectrometry (TIMS) (Wiley-VCH, 2016)
Origins of the Earth, Moon, and Life (Elsevier, 2017)
Biochemistry for Materials Science (Elsevier, 2018)
Recent Topics in Advanced Materials Science (CSP, 2019)

宇宙岩石入門
　―起源・観測・サンプルリターン―　　　　　定価はカバーに表示

2020 年 7 月 1 日　初版第 1 刷
2020 年 9 月 15 日　　　第 2 刷

著　者　牧　嶋　昭　夫

発行者　朝　倉　誠　造

発行所　株式会社　朝　倉　書　店

東京都新宿区新小川町 6-29
郵 便 番 号　162-8707
電　話　03（3260）0141
FAX 03（3260）0180
http://www.asakura.co.jp

〈検印省略〉

新日本印刷・渡辺製本

Ⓒ 2020 〈無断複写・転載を禁ず〉

Printed in Japan

ISBN 978-4-254-15022-3　C 3044

京都大学宇宙総合学研究ユニット編
シリーズ〈宇宙総合学〉1

人類が生きる場所としての宇宙

15521-1　C3344　　　　A 5 判　144頁　本体2300円

文理融合で宇宙研究の現在を紹介するシリーズ。人類は宇宙とどう付き合うか。〔内容〕宇宙総合学とは／有人宇宙開発のこれまでとこれから／宇宙への行き方／太陽の脅威とスーパーフレア／宇宙医学／宇宙開発利用の倫理

京都大学宇宙総合学研究ユニット編
シリーズ〈宇宙総合学〉2

人類は宇宙をどう見てきたか

15522-8　C3344　　　　A 5 判　164頁　本体2300円

文理融合で宇宙研究の現在を紹介するシリーズ。人類は宇宙をどう眺めてきたのか。[内容]人類の宇宙観の変遷／最新宇宙論／オーロラ／宇宙の覗き方(京大3.8m望遠鏡)／宇宙と人のこころと宗教／宇宙人文学／歴史文献中のオーロラ記録

京都大学宇宙総合学研究ユニット編
シリーズ〈宇宙総合学〉3

人類はなぜ宇宙へ行くのか

15523-5　C3344　　　　A 5 判　160頁　本体2300円

文理融合で宇宙研究の現在を紹介するシリーズ。人類は宇宙とどう付き合うか。〔内容〕太陽系探査／生命の起源と宇宙／宇宙から宇宙を見る／人工衛星の力学と制御／宇宙災害／宇宙へ行く意味はあるのか

京都大学宇宙総合学研究ユニット編
シリーズ〈宇宙総合学〉4

宇宙にひろがる文明

15524-2　C3344　　　　A 5 判　144頁　本体2300円

文理融合で宇宙研究の現在を紹介するシリーズ。人類は宇宙とどう付き合うか。[内容]宇宙の進化／系外惑星と宇宙生物学／宇宙天気と宇宙気候／インターネットの発展からみた宇宙開発の産業化／宇宙太陽光発電／宇宙人との出会い

安東正樹・白水徹也編集幹事　浅田秀樹・石橋明浩・小林　努・真貝寿明・早田次郎・谷口敬介編

相 対 論 と 宇 宙 の 事 典

13128-4　C3542　　　　A 5 判　448頁　本体10000円

誕生から100年あまりをすぎ，重力波の観測を受け，さらなる発展と応用の期待される相対論．その理論と実験・観測の両面から重要項目約100を取り上げた事典。各項目2〜4頁の読み切り形式で，専門外でもわかりやすく紹介。相対論に関心のあるすべての人へ。歴史的なトピックなどを扱ったコラムも充実。〔内容〕特殊相対性理論／一般相対性理論／ブラックホール／天体物理学／相対論的効果の観測・検証／重力波の観測／宇宙論・宇宙の大規模構造／アインシュタインを超えて

日本鉱物科学会編　宝石学会(日本)編集協力

鉱 物・宝 石 の 科 学 事 典

16276-9　C3544　　　　A 5 判　664頁　本体16000円

鉱物は地質作用を経て生成した天然の固体物質である。鉱物の分析により，地球深部や他の惑星を構成する物質の理解，地質現象・環境問題の解明につながるほか，鉱物は工業材料，宝飾品など人間生活にも深く結び付いている。本書では様々な知識と情報を186項目取り上げ，頁単位の読み切りで解説。代表的な鉱物・宝石177の基礎知識を辞書的に掲載。〔内容〕鉱物(基礎，地球深部・表層，宇宙，資源・バイオ・環境，材料)／宝石／付録(年表，大学・研究所・博物館リスト等)

P.L.ハンコック・B.J.スキナー編
井田喜明・木村龍治・鳥海光弘監訳

地 球 大 百 科 事 典 (上)
―地球物理編―

16054-3　C3544　　　　B 5 判　600頁　本体18000円

地球に関するすべての科学的蓄積を約350項目に細分して詳細に解説した初の書であり，地球の全貌が理解できる待望の50音順中項目大総合事典。多種多様な側面から我々の住む「地球」に迫る画期的百科事典であり，オックスフォード大学出版局の名著を第一線の専門家が翻訳。〔上巻の内容〕大気と大気学／気候と気候変動／地球科学／地球化学／地球物理学(地震・磁場・内部構造)／海洋学／惑星科学と太陽系／プレートテクトニクス，大陸移動説等の分野350項目。